Collection d'ouvrages publiés par M. E. LEVASSEUR, membre de l'Institut, ou sous sa direction.

LA LECTURE

DES

PLANS & CARTES

TOPOGRAPHIQUES

ENSEIGNÉE

A L'AIDE D'UN TEXTE, D'UNE CARTE ET D'UN RELIEF

PAR

C. MURET,

Géomètre de la ville de Paris
Ancien élève et collaborateur de L. I. Bardin.

SOUS LA DIRECTION DE

E. LEVASSEUR

Membre de l'Institut.

INSTITUT GÉOGRAPHIQUE DE PARIS

CH. DELAGRAVE

ÉDITEUR DE LA SOCIÉTÉ DE GÉOGRAPHIE DE PARIS

58, RUE DES ÉCOLES, 58

1873

Tout exemplaire de cet ouvrage non revêtu de notre griffe sera réputé contrefait.

Ch. Delagrave

TABLE DES MATIÈRES

Préface 9
Méthode a suivre pour l'enseignement de la lecture des cartes 13

CHAPITRE PREMIER.

Notions générales. Échelles.

1. Définition de la topographie. 17
2. Opération du terrain.—Croquis.—Minute du terrain. »
3. Opérations du cabinet. 18
4. Levé des plans et nivellement . . . . »
5. Définition de la projection . . . . »
6. Planimétrie et figuré du relief . . . . »
7. Image du terrain . . . . »
8. Définition des échelles. 19
9. Ce que représente un millimètre . . . . . . »
10. Tableau des échelles . . . . 20 et 20 bis.
11. Fraction indiquant le rapport du dessin au terrain 20
12. Nombre des échelles 21
13. Trois sortes d'échelles relativement à leur disposition. »
14. Échelle des dixmes. — Son usage 22
15. Échelle à biseau. . . . . »
16. Échelle dite bande de tailleur . . . . »
17. Distinction entre la topographie et la géographie . 24
18. Nombre et importance des détails du dessin . . »
19. Représentation réelle et conventionnelle des détails. 25
20. Utilité propre des cartes topographiques et des cartes géographiques . . . . »
21. Idée générale des représentations graphiques depuis les plans de détail jusqu'aux cartes astronomiques. 26
22. Plan topographique. . . . . »

23. Carte topographique	26
24. Carte géographique	27
25. L'étendue augmente à mesure que les détails diminuent	»
26. Mappemondes	28
27. Cartes astronomiques	»
28. Plans et cartes en relief	»
29. Reliefs naturels	»
30. Reliefs surhaussés	»
31. Reliefs surbaissés	»
32. Reliefs géographiques	29
33. Différence entre les cartes et les reliefs	»
34. Utilité des reliefs pour l'étude de la lecture des cartes	30
35. Rôles propres des cartes et des reliefs	»

CHAPITRE II.

Planimétrie. Signes conventionnels. Accidents topographiques et géographiques.

36. Définition de la planimétrie	30
37. Réduction des lignes de la planimétrie par rapport à celles du terrain	31
38. Pentes, rampes et paliers de repos	32
39. Rapport approximatif entre la longueur réelle des routes et leur projection	»
40. Appréciation de l'étendue sur les cartes	33
41. Légendes	34
42. Cartes au trait et cartes lavées. — Teintes et signes conventionnels	»
43. Notre carte résume les signes conventionnels	35
44. Tableau des principaux signes conventionnels de la topographie	36
45. Tableau des principales abréviations employées sur la carte de France	46
46. Signes particuliers	48
47. Signes conventionnels des services spéciaux	»
48. Accidents géographiques	49
49. Golfes	»

50. Anses, baies ou criques 49
51. Rades . . . . »
52. Embouchures. . . . . »
53. Détroits . . . . »
54. Caps. 50
55. Plages . . . . »
56. Dunes . . . . »
57. Expressions propres aux villes maritimes . . . . »
58. Sondes. . . . . »
59. Bancs de sable. — Bancs qui couvrent et découvrent. 51
60. Jetées et digues. — Môles. — Feux de port. . . »
61. Passe. — Goulet. . . . . »
62. Atterrissements . . . . »
63. Avant-port — Bassins. — Docks 52
64. Définitions géographiques à l'intérieur des terres. . »
65. Longitude et latitude . . . . »
66. Orientation de la carte 53

CHAPITRE III.

Figuré du relief. Courbes de niveau. Lignes et formes remarquables.

67. Figuré du relief. 53
68. Notions historiques. . . . . »
69. Moyen employé pour figurer le relief 54
70. Courbes de niveau ou sections horizontales. — Cotes ou altitudes. — Équidistance des courbes . . 55
71. Étude des courbes sur les corps géométriques. . . 56
72. Courbes sur les polyèdres. 57
73. Courbes sur les cônes . . . . »
74. Courbes sur les sphères . . . . »
75. Courbes sur le paraboloïde hyperbolique. 58
76. Courbes sur la face humaine. 60
77. Courbes sur le relief et sur la carte 63
78. Formes planes . . . . »
79. Formes coniques . . . . »
80. Cols. . . . . »

81. Formes sphériques 64
82. Ondulations dans le sens horizontal. — Dos d'âne. — Croupes. . . . . »
83. Ondulations dans le sens vertical. — Sol en étage . 65
83. bis. Ondulations dans les deux sens 66
84. Ambiguïté des courbes non côtées . . . . »
85. Lignes de faites ou de partage des eaux principales . 67
86. Bassins. Versants 68
87. Lignes de faites secondaires . . . . »
88. Vallées . . . . »
89. Vallées longitudinales 69
90. Vallées transversales . . . . »
91. Vallons et gorges . . . . »
92. Formes des courbes dans les vallées . . . . . . »
93. Thalwegs ou lignes de réunion des eaux 70
94. Lignes de plus grande pente . . . . »
95. Plateaux 71
96. Ballons . . . . »
97. Puys 72
98. Cirques . . . . »
99. Aiguilles . . . . »
100. Pics et Arêtes . . . . »
101. Glaciers. — Neiges perpétuelles. — Moraines. . . »
102. Conclusion de l'étude précédente. 73

CHAPITRE IV.

**Figuré du relief (Suite). Hachures. Équidistance graphique.
Coupes et élévations. Remarques diverses.**

103. Hachures. 73
104. Loi de l'écartement et de la grosseur des hachures. 74
105. Éclairage des cartes . . . . »
106. Lumière oblique . . . . »
107. Lumière verticale ou zénithale. 75
108. Figuré au pinceau. . . . . »
109. Figuré par des courbes très-rapprochées . . . . »
110. Avantages et inconvénients des hachures . . . . »

TABLE DES MATIÈRES. 7

111. Équidistance réduite ou graphique	76
112. Équidistance graphique de la carte de l'état major ; — de notre carte	79
113. Diapason des hachures	»
114. Profil	80
115. Coupe	81
116. Élévation	»
117. Remarques et observations particulières	»
118. Cotes isolées	82
119. Grosseur des hachures au commencement et à la fin d'un mouvement de terrain	»
120. Hachures des talus	»
121. Indication des déblais et des remblais sans talus	83
122. Interruption ou changement de direction des courbes	»
123. Direction des routes par rapport à celles des courbes	»
124. Chemin d'un point à un autre	84

CHAPITRE V.

Levés topographiques. Constructions des reliefs.

125. But de ce chapitre	85
126. Triangulation	»
127. Choix des points	86
128. Observation des angles. — Mesurage des bases	»
129. Calcul et rapport de la triangulation	»
130. Construction graphique des triangles	»
131. Usage des angles zénithaux	87
132. Planimétrie des détails	88
133. Rapports des détails sur la carte	89
134. Levé et rapports des courbes de niveau	90
135. Levé d'un itinéraire ou d'une reconnaissance	91
136. Rectifier ou compléter une carte	92
137. Utilité de la construction des reliefs	93
138. Construction par gradins	»
139. Construction par profils	94
140. Construction par points	»

141. Construction par sondes.	95
142. Exécution d'un relief sur un terrain donné . . .	»

CHAPITRE VI.

Problèmes divers.

143. Évaluer une longueur à l'aide de l'échelle transversale.	96
144. Évaluer une distance à l'aide du biseau . . .	97
145. Évaluer une distance à l'aide de la bande de tailleur.	98
146. Chercher l'échelle omise sur une carte	»
147. Passer d'une échelle à une autre, ou rapport des échelles entre elles.	99
148. Étant donnée par son rapport une échelle quelconque, calculer ce que vaut un millimètre à cette échelle.	100
149. Trouver l'équidistance des courbes d'une carte lorsque cette équidistance n'est pas cotée . . .	»
150. Trouver la cote ou altitude d'un point situé entre deux courbes.	102
151 L'altitude de deux points étant donnée, trouver la longueur de la droite qui les joint sur le terrain, ainsi que sa pente	»
152. Une ligne quelconque AB étant donnée sur une carte par courbes, déterminer son profil. . . .	103
153. Tracer sur une carte par courbes une ligne suivant une pente donnée en partant d'un point connu P.	104

PRÉFACE

Le but de cet ouvrage est de faire connaître les cartes *topographiques* et d'apprendre à les interpréter, à les *lire*, pour employer une expression consacrée. On a longtemps négligé ces sortes de cartes, confondues trop souvent avec les cartes *géographiques*, mais aujourd'hui que les applications de la vapeur ont multiplié les grands travaux publics, — que le perfectionnement et la longue portée des armes à feu ont rendu plus nécessaire, aux militaires, la connaissance du terrain, et que tout le monde est appelé sous les armes, — que les chemins de fer ont facilité les excursions scientifiques comme les voyages d'agrément,

— que le commerce et l'industrie ont nécessité l'étude approfondie des productions du sol, branche importante de la géographie économique, — aujourd'hui les cartes topographiques ont une utilité que personne ne peut plus nier. Tous doivent savoir, sinon les construire, du moins les lire, tous doivent comprendre les formes qu'elles représentent, les cultures qu'elles indiquent, les travaux qu'elles figurent.

Pour arriver plus promptement et plus simplement à ce résultat, nous avons pensé, comme M. Bardin, notre regretté maître, qu'il fallait s'adresser aux yeux, en même temps qu'à l'esprit ; de là notre relief, qui ne donne point, dans son ensemble, l'image d'un terrain réel, mais dont les diverses parties sont l'expression exacte de formes caractéristiques que l'on trouve dans nos montagnes françaises.

On nous objectera peut-être que ces formes disparates, ainsi rapprochées, peuvent donner aux enfants des idées fausses sur la constitution réelle du sol et qu'il aurait mieux valu laisser isolé ce qui ne s'unit pas. Nous répondrons qu'un mot du professeur suffira pour prévenir les élèves que notre texte n'aurait pas complétement éclairés sur ce sujet et qui ignoreraient encore les positions relatives des Pyrénées, des Vosges, des Alpes. etc. D'ailleurs, il ne faut pas oublier que notre ouvrage n'est pas autre chose qu'un *exercice de lecture* et c'est à ce titre que nous avons réuni, sur un même *tableau,* les *syllabes diverses de la topographie*. Ce rapprochement montre en outre, par les proportions relatives que nous avons à peu près conservées, ce que sont, par exemple, les *cônes* de l'Auvergne et les *ballons* des Vosges à côté des *arêtes* des Alpes dauphinoises et des *aiguilles* du mont Blanc.

Quant aux liaisons factices, qui réunissent les diverses parties, elles nous ont permis de rendre bien sensibles les expressions topographiques et géographiques telles que les *lignes de faîtes* et de *thalwegs*, les *cols*, les *vallées*, les *versants*, etc., etc.

Après avoir ainsi conçu et exécuté le relief, nous en avons construit la carte, qui en est la représentation fidèle, d'après les règles de la topographie, et là encore nous avons pensé qu'il était utile et sans inconvénient grave de grouper sur un même dessin les principaux moyens employés pour exprimer les mouvements du terrain, c'est-à-dire les *courbes* et les *hachures*.

Enfin, pour faciliter la comparaison du relief et de son image, nous avons réuni dans un texte tout ce qu'il nous paraît essentiel de connaître pratiquement sur la topographie.

Tel est le plan que nous avons suivi, guidé par M. Levasseur, qui ne nous a ménagé ni ses conseils ni ses encouragements, aidé par un mouleur habile, M. Girard, qui s'est formé à l'école de M. Bardin.

Puisse ce plan rendre plus courte et plus facile

l'étude de la lecture des Cartes et contribuer ainsi à faire mieux connaître notre carte de l'État-major, la plus fidèle image que nous possédions du sol de la France.

MURET.

MÉTHODE A SUIVRE

POUR L'ENSEIGNEMENT DE LA LECTURE DES CARTES

Placer dans la classe, convenablement éclairé et toujours à la portée des élèves, le relief en plâtre et sa carte à côté.

Donner à étudier à l'élève, qui doit posséder le texte et la carte, autant que possible, l'objet de la prochaine leçon. Comme il ne s'agit ni de mot à mot à apprendre, ni d'explications théoriques à comprendre, une lecture attentive d'une demi-heure au plus suffira pour cet exercice.

Expliquer et développer, dans une leçon d'une heure au plus, ce que l'élève aura déjà précédemment étudié, et attirer constamment l'attention sur la carte et sur le relief. — Interroger les élèves en leur demandant, par exemple, de montrer sur le relief tel point correspondant de la carte et réciproquement.

Puis, lorsque les principes seront suffisamment compris, faire tracer au tableau, par des courbes ou des hachures, telle forme désignée. — Prendre la carte de l'État major des environs, la *lire* en classe d'abord, à la promenade ensuite, en faisant remarquer la précision de ses indications ou certaines erreurs ou omissions s'il y a lieu. Dans ce dernier cas, exercer les élèves à rectifier ou à compléter la carte.

Enfin choisir dans la collection des feuilles [1] de l'État-major certains lieux caractéristiques par leurs formes, les faire *lire* aux élèves, et compléter cette intéressante étude par l'examen de cartes étrangères. On aura soin, dans cette étude, de commencer d'abord par considérer, sur la carte, les formes d'ensemble, comme les vallées des fleuves, les chaînes de montagnes, etc., et de n'arriver que par degrés aux détails ; on essaiera de faire de même sur le terrain en se plaçant par exemple sur un point culminant.

Un excellent exercice, aussi agréable qu'utile, et qui, pour cette raison, pourrait être pratiqué pendant les récréations, serait de faire construire par les élèves eux-mêmes, en appliquant l'un des procédés que nous donnons à la fin de cet ouvrage, le relief d'un terrain idéal et classique comme le nôtre, ou

---

[1] Ces feuilles sont vendues au prix de 1 fr. en reports sur pierre.

mieux encore, le relief de la commune, du canton, du département, ou, à défaut d'accidents suffisants, celui de toute autre région.

Les proportions de ces reliefs différeraient suivant les cas : tantôt on se bornerait à un travail portatif exécuté par chaque élève en particulier, tantôt au contraire on transformerait complètement la surface plane d'un jardin ou d'un champ en y faisant contribuer tous les élèves, qui apprendraient successivement l'emploi de la brouette et de la pelle, du décamètre et du niveau. Après le modelé du terrain on tracerait des courbes de niveau, des villes, des routes, puis on planterait, on ensemencerait, en tenant compte de l'*altitude* et de l'*exposition* du sol [1].

---

[1]. Un terrain de ce genre, exécuté par les soldats du 120e de ligne, à Satory, nous a permis de simplifier l'exposé des principes du figuré du relief aux officiers et aux sous-officiers du même régiment. Nous croyons qu'il serait aussi utile que peu coûteux de généraliser ce moyen dans les écoles spéciales et surtout dans les camps.

LA LECTURE
DES
PLANS & CARTES
TOPOGRAPHIQUES

ENSEIGNÉE

A L'AIDE D'UN TEXTE, D'UNE CARTE ET D'UN RELIEF

CHAPITRE PREMIER.

Notions générales. Échelles.

1. Définition de la topographie. — La topographie a pour objet la représentation du sol et des divers accidents naturels ou artificiels qui s'y trouvent. Elle emploie, dans ce but, deux sortes d'opérations, celle du terrain et celles du cabinet.

2. Opérations du terrain. — Croquis. — Minute du terrain. — Les opérations du terrain, consistent à établir sur place un réseau de lignes convenablement choisies, à en mesurer la longueur et l'écartement, à y rattacher tous les détails du sol, à déterminer la hauteur de ceux-ci au dessus d'une surface de niveau qui est habituellement la surface de la mer prise à son niveau moyen et que l'on suppose prolongée sous les terres, etc. etc., en un mot à prendre tous les renseignements nécessaires et à les consigner immédiatement sur une figure la carte de l'État-major des environs de Paris, un millimètre représente 40^m, enfin à l'échelle ordinaire des feuilles de la carte de l'État-major, le $\frac{1}{80000^e}$, un millimètre représente 80^m.

On verra ci-après (§ 11) comment on peut trouver d'une manière générale ce que représente *un millimètre*.

10. TABLEAU DES ÉCHELLES. — La valeur des échelles et leur signification sont d'ailleurs données plus complètement dans le tableau de la page 20 *bis* qu'il est bon d'étudier.

11. FRACTION INDIQUANT LE RAPPORT DU DESSIN AU TERRAIN. — A l'inspection de ce tableau, on remarquera que, quelles que soient les échelles, la fraction qui indique le rapport du dessin au terrain a *l'unité* pour *numérateur*, de sorte que le *dénominateur* indique combien de fois la carte est plus petite que la projection du terrain qu'elle représente.

Ainsi lorsqu'on dit *l'échelle du deux millième*, il faut entendre *un deux millième*, c'est-à-dire une échelle qui donne une image 2000 fois plus petite, ce qui s'indique par la fraction $\frac{1}{2000}$, et non point par la fraction $\frac{2}{1000}$, comme pourrait le faire supposer l'expression employée.

En simplifiant cette dernière fraction, on a : $\frac{2}{1000} = \frac{1}{500}$, c'est-à-dire une échelle 4 fois plus grande que celle du $\frac{1}{2000}$.

De ce que la fraction a toujours l'*unité* pour numérateur, il résulte que pour savoir ce que représente *un millimètre* il suffit de diviser le dénominateur par 1000 ; ainsi par exemple si l'on voulait savoir ce qu'un millimètre représente à l'échelle du $\frac{1}{63360}$ (un *pouce par mille anglais*), qui est celle de la carte de l'État-major anglais (ordnance Survey Office), on diviserait 63360 par mille en plaçant une virgule trois rangs vers la gauche et le nombre 63ᵐ,36 qui en résulte serait ce que vaut *un millimètre* à cette échelle.

Au chapitre des problèmes, nous traiterons diverses autres questions se rapportant aux échelles.

12. NOMBRE DES ÉCHELLES. — On conçoit qu'en théorie le nombre des échelles est indéfini puisque pour construire une carte on peut choisir tel rapport qu'on voudra, cependant, dans la pratique, ce nombre est assez restreint, car, ainsi qu'on a pu le voir d'après le tableau précédent, on n'emploie habituellement que certains rapports déterminés. Quant aux instruments qui donnent ces échelles et dont nous parlons plus loin (13), ils sont encore moins nombreux attendu que le même peut servir pour tous les rapports ne différant que par le nombre de zéros ; ainsi l'échelle du $\frac{1}{20,000}$, par exemple, peut servir pour le $\frac{1}{2}$, le $\frac{1}{20}$, le $\frac{1}{200}$, le $\frac{1}{2.000}$, le $\frac{1}{200.000}$, le $\frac{1}{2.000.000}$, seulement les divisions représenteront des longueurs 10.000, 1000, 100, 10 fois plus petites ou 10, 100 fois plus grandes selon les cas.

13. TROIS SORTES D'ÉCHELLES RELATIVEMENT À LEUR DISPOSITION. — Relativement à leur disposition, il existe trois sortes d'échelles que nous allons expliquer ici, mais pour l'usage desquelles il vaut mieux renvoyer au chapitre des problèmes.

Ces échelles sont : 1° l'échelle des *dixmes* ou à *transversales*, 2° l'échelle à *biseau*, 3° l'échelle *graphique* ou *bande de tailleur*.

14. Échelle des dixmes. — Son usage. — L'échelle des dixmes (fig. 1) sert principalement à prendre des longueurs par l'écartement des pointes d'un compas ; elle est le plus souvent métallique et, par sa disposition, elle permet une plus grande précision que les autres, aussi l'emploie-t-on de préférence pour la construction des cartes.

Il n'est pas nécessaire de s'étendre sur la disposition de cette échelle, qui est basée sur la propriété des lignes proportionnelles, on remarquera seulement, en consultant la figure, que deux échelles différentes se trouvent sur la même face et que la confusion entre elles n'est pas à craindre puisque les chiffres sont gravés en sens contraire. Ainsi que nous l'avons dit, l'usage de l'échelle des dixmes et des deux suivantes sera expliqué plus loin, au chapitre des problèmes (143-144-145).

15. Échelle a biseau. — La deuxième sorte d'échelles comprend les *échelles à biseau* (fig. 2), ordinairement en buis où en ivoire, utilisées principalement dans la lecture des cartes pour apprécier les distances, employées souvent aussi dans le dessin pour marquer une succession de longueurs placées sur la même droite et partant d'une origine commune.

Le spécimen que nous figurons donne d'un côté l'échelle du $\frac{1}{100}\ldots$ et de l'autre celle du $\frac{1}{200}\ldots$ Leur longueur est le plus souvent de 0,20°, leurs divisions sont en rapport avec les indications données dans la première colonne de notre tableau des échelles. Le numérotage va de droite à gauche et de gauche à droite pour permettre la lecture dans ces deux sens.

16. Échelle dite bande de tailleur. — Enfin la troisième catégorie d'échelles est celle que l'on place habituellement au bas des cartes comme la nôtre (fig. 3), elle prend le nom de *bande de tailleur* lorsqu'elle est tracée sur une bande de papier mobile.

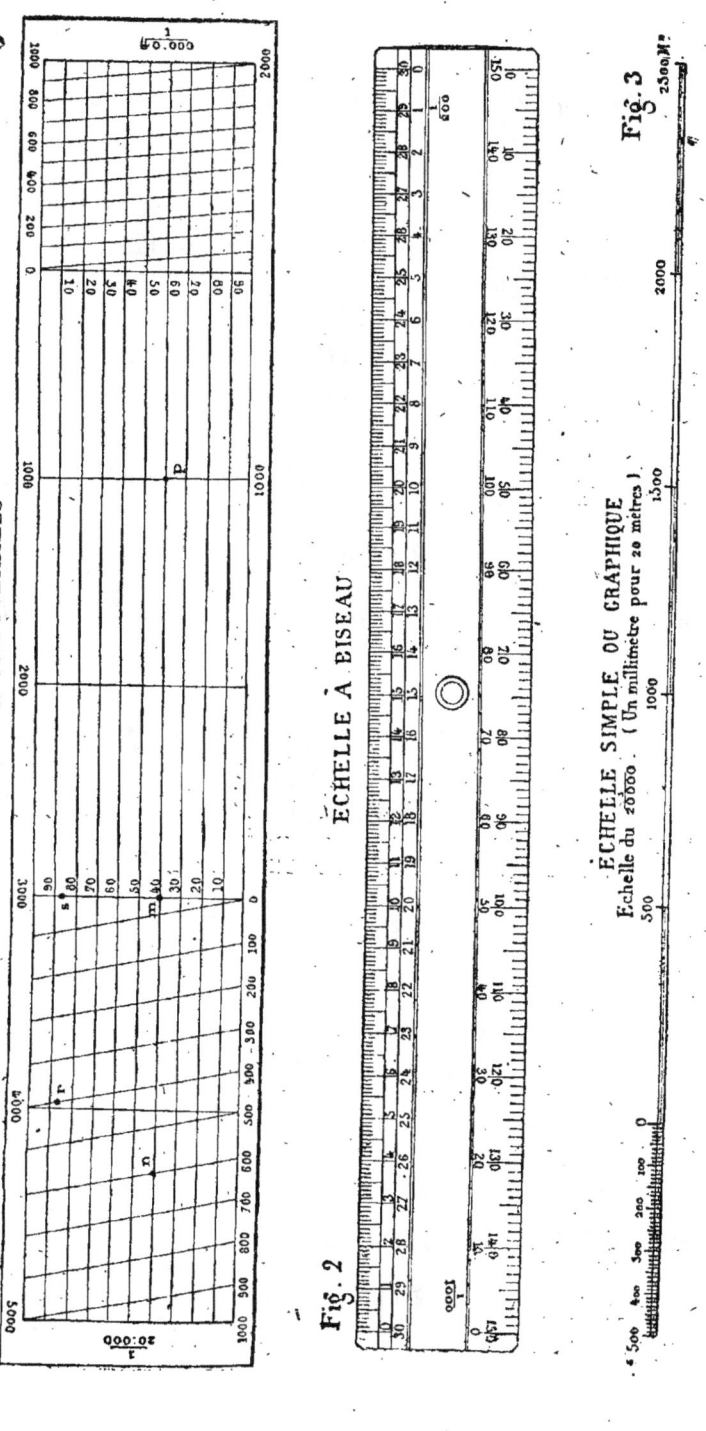

On remarquera que dans ces échelles une seule des divisions est *subdivisée* et que cette division est placée à gauche du zéro ; c'est donc une simplification du biseau. Une pareille disposition permet, comme on le verra au chapitre des problèmes, d'apprécier les distances avec la même approximation que les biseaux.

17. Distinction entre la topographie et la géographie. — Le dessin prend différents noms suivant les détails qu'il donne, lesquels sont d'ailleurs subordonnés à l'échelle.

Jusqu'au $\frac{1}{5.000}$, il est généralement désigné sous le nom de *plan topographique* ; du $\frac{1}{5.000}$ au $\frac{1}{200.000}$ c'est une *carte topographique* ; entre le $\frac{1}{200.000}$ et le $\frac{1}{500.000}$, les cartes prennent quelquefois le nom de cartes *chorographiques* ; au delà les cartes sont *géographiques*, mais ces limites n'ont rien d'absolu ; souvent même *plan* ou *carte topographiques* se disent indifféremment.

18. Nombre et importance des détails du dessin. — Plus l'échelle est réduite, moins les détails du dessin sont nombreux et précis. Ainsi, tandis qu'un plan au $\frac{1}{1.000}$, par exemple, donnera à peu près tout ce qui offre quelque importance puisqu'une longueur d'*un mètre* sera représentée par *un millimètre* et que 0^m,20^c même pourront être figurés, une carte au $\frac{1}{10.000}$ négligera déjà beaucoup de choses, car *un millimètre* ne représentera plus que 10^m et une carte géographique au $\frac{1}{1.000.000}$ ne pourra donner que les grandes lignes et les positions principales, puisque deux villages, par exemple, distants de

1.000^m ne seraient éloignés l'un de l'autre que d'un millimètre sur la carte.

19. REPRÉSENTATION RÉELLE ET CONVENTIONNELLE DES DÉTAILS. — On comprend aussi que, plus on s'éloigne du *plan topographique* pour se rapprocher de la *carte géographique*, plus les figures réduites, mais semblables au terrain, sont remplacées par des *signes conventionnels*.

Sur un plan, par exemple, une ville est représentée par les contours de toutes les constructions qui la composent et sur une carte géographique elle ne sera indiquée que par un point plus ou moins gros qui disparaîtra même entièrement si la ville a peu d'importance. Sur une carte topographique les montagnes se reconnaîtront avec tous leurs accidents et leurs caractères propres tandis que la carte géographique ne pourra donner, le plus souvent, que les grandes directions des chaînes avec leurs principales ramifications; au $\frac{1}{1.000}$, un chemin de fer sera clairement indiqué avec tous ses détails, tels que rails, fossés, talus, ponts, etc.; en exagérant un peu, comme on le fait quelquefois, ces mêmes détails seront aussi figurés au $\frac{1}{5.000}$ et même au $\frac{1}{10.000}$, mais au $\frac{1}{80.000}$ la voie ferrée ne sera plus marquée que par un trait noir assez fort.

Dans le premier cas, la ville, la montagne, les chemins de fer seront réellement *projetés* (§ 5) sur la carte; dans le second cas, ils ne seront figurés que *conventionnellement* et de la manière qui sera indiquée plus loin (§ 42).

20. UTILITÉ PROPRE DES CARTES TOPOGRAPHIQUES ET DES CARTES GÉOGRAPHIQUES. — Pourtant il ne faudrait pas conclure de cette insuffisance relative que les cartes géographiques doivent être remplacées par des cartes topographiques. Elles ont toutes leur utilité : les unes en mettant sous les yeux des lecteurs l'ensemble d'une contrée, les autres en en montrant les détails.

21. Idée générale des représentations graphiques depuis les plans de détails jusqu'aux cartes astronomiques. — Pour donner une idée des phases par lesquelles passe une carte dont on fait varier l'échelle, supposons un observateur qui s'élève progressivement dans les airs, en ballon, par exemple.

22. Plan topographique. — En quittant le sol il ne découvre d'abord qu'une petite étendue dont il distingue nettement tous les détails : les bâtiments se détachent par leurs toitures ; les contours des chemins et des rivières sont apparents dans leurs moindres sinuosités ; les champs sont limités par la diversité des cultures ; les chemins de fer avec leurs talus, les canaux avec leurs écluses, les fossés avec leurs berges, les jardins avec leurs massifs, les vergers avec leurs arbres, tout se déroule à ses yeux avec la plus grande variété d'aspects et de couleurs. Abstraction faite de certains effets perspectifs, c'est le *plan topographique* du lieu que le voyageur a en ce moment sous les yeux.

23. Carte topographique. — Le ballon continuant de s'élever, de nombreux détails ne tardent pas à disparaître ; mais alors une autre scène succède à la première, le cadre s'étend et le tableau, pour être moins précis, n'en est pas moins attrayant : les maisons isolées ne se présentent plus que sous la forme de petits rectangles plus ou moins réguliers ; les grandes masses bâties se détachent par leurs contours plus ou moins sinueux ; les nombreuses cultures se confondent dans une teinte uniforme; parmi les diverses végétations, seules les forêts et les vastes prairies se distinguent, les premières par un vert sombre accentué de reflets jaunâtres, les secondes par un vert léger et uniforme ; les fleuves et les rivières dessinent des courbes plus ou moins capricieuses d'un bleu argenté, tandis que les routes et les chemins, qui se distinguent par un ruban blanc plus ou moins étroit, découpent les cultures suivant des polygones plus ou moins irréguliers ; les montagnes semblent écrasées sur le sol, mais leur relief se fait néanmoins sentir grâce aux effets d'ombre et de lumière produits par l'éclairage oblique du soleil. L'ensemble du paysage, en un mot, à l'instant où nous sommes, se présente à nous tel que le donnerait la *carte topographique*.

24. CARTE GÉOGRAPHIQUE. — A cette limite, les lois de la pesanteur ne permettent plus au ballon de s'élever, mais s'il en était autrement, en montant toujours, le spectacle changerait encore et donnerait non plus l'image d'une carte topographique, mais bien celle d'une *carte géographique*, c'est-à-dire que les villes seules apparaîtraient comme des taches plus ou moins grandes, reliées entre elles par des lignes plus ou moins brisées comme le sont les routes principales; les lignes de chemins de fer se feraient également sentir encore, mais tous les chemins secondaires, comme les villages et les hameaux, se confondraient avec les cultures dans une teinte uniforme. On pourrait suivre aussi des yeux les sinuosités des fleuves et des grandes rivières, de même que les contours des océans et des lacs, mais les autres cours d'eau seraient complétement effacés ; enfin les ombres projetées par les aspérités du sol tendraient à se fondre également avec la teinte d'ensemble, à l'exception de celles des chaînes de montagnes principales qui se dessineraient sur le fond mat en forme de cordons plus ou moins sinueux et plus ou moins noirs interrompus de temps à autre par les points brillants des sommets éclairés.

25. L'ÉTENDUE AUGMENTE A MESURE QUE LES DÉTAILS DIMINUENT.—Un fait également digne de remarque, et que l'on constate généralement aussi en passant d'une carte à grande échelle à une carte à une échelle plus réduite, c'est qu'à mesure que l'on s'élève et en même temps que les détails disparaissent, on embrasse une plus vaste étendue.

26. Mappemondes. — De telle sorte qu'arrivé à une certaine hauteur, une moitié de la terre ou hémisphère se présenterait aux yeux du voyageur à peu près comme elle est figurée sur les cartes dites *mappemondes* avec ses continents et ses mers : il la verrait, en un mot, de la même façon que d'ici-bas, nous apercevons la lune.

27. Cartes astronomiques. — Enfin, en arrivant jusqu'au soleil, notre planète ne s'offrirait plus à la vue que sous la forme d'une étoile de bien modeste apparence, telle qu'on l'indique sur les *cartes astronomiques*.

28. Plans et cartes en relief. — Nous avons dit que les détails plus ou moins nombreux de la surface terrestre étaient figurés sur le papier par des dessins qui prennent le nom de plans ou de cartes ; pourtant quelquefois le terrain est représenté par un *relief*, c'est-à-dire qu'à l'aide de divers procédés dont nous donnerons une idée dans notre dernier chapitre, les ondulations du sol sont modelées plus ou moins parfaitement dans une matière dure comme le plâtre ou le bois.

29. Reliefs naturels. — Dans ce cas, le plus souvent les dimensions verticales sont à la même échelle que les dimensions horizontales et alors le relief donne une véritable réduction du terrain, il est dit *relief naturel*.

30. Reliefs surhaussés. — Mais quelquefois, lorsqu'il y a, par exemple, un intérêt majeur à bien accuser certaines formes très-peu accentuées, ou que l'échelle des bases est très-réduite, l'échelle des hauteurs est double, triple, décuple de la première ; on dit alors que le relief est *surhaussé*.

31. Reliefs surbaissés. — Enfin il peut arriver que l'échelle des hauteurs soit 2, 3, 10 fois moindre que celle des bases, cas dans lequel le relief est dit *surbaissé*; mais ce genre d'*aplatissement* ou d'*écrasement* n'est guère en usage que dans la sculpture en bas-reliefs ; car en topographie on éprouve plutôt le besoin d'exagérer les hauteurs, qui sont rarement trop sensibles.

32. Reliefs géographiques. — On fait aussi des *reliefs géographiques* qui sont toujours *surhaussés* parce qu'il n'est généralement plus possible d'observer la même proportion entre les bases et les hauteurs [1]. Leur but est de donner une idée du système *orographique* d'une contrée en accentuant plus ou moins les principales chaînes de montagnes, mais à cause de la disproportion forcée des échelles, les caractères distinctifs de ces chaînes sont altérés ; *aussi n'est-ce qu'avec circonspection et en rappelant toujours l'exagération des hauteurs et leurs conséquences, que l'on doit placer ces sortes d'images sous les yeux des élèves.*

33. Différence entre les cartes et les reliefs. — Les reliefs ont sur les cartes planes l'avantage de montrer les accidents du terrain sans artifice de dessin, conséquemment sans effort d'intelligence ; ils sont nécessaires pour l'enseignement. Les reliefs naturels surtout, *éclairés par la lumière oblique et vus d'assez bas*, donnent une idée fort nette du sol d'un pays, mais ils ont le grave inconvénient d'être embarrassants et coûteux ; d'ailleurs, malgré toute la précision qu'on peut apporter dans leur confection, ils sont toujours, par suite du moulage et d'autres causes, moins exacts que les cartes dont ils procèdent ; aussi, *pour qui sait les lire*, les cartes topographiques sont-elles bien préférables, à tous égards.

34. Utilité des reliefs pour l'étude de la lecture

---

[1]. La librairie Delagrave, qui a déjà édité, en ce genre la France et l'Europe, par Mlle Caroline Kleinhans, commence la publication d'une intéressante série de cartes départementales au $\frac{1}{500.000}$ ou au $\frac{1}{600.000}$ pour les bases et au $\frac{1}{100.000}$ ou au $\frac{1}{250.000}$ pour les hauteurs, construite par le même auteur, sous la direction de M. Levasseur, qui fait exécuter en même temps une carte en relief de la France au $\frac{1}{1.000.000}$ avec les hauteurs décuplées.

DES CARTES. — Mais si le sol du pays doit être étudié sur les cartes plutôt que sur les reliefs, l'emploi de ceux-ci, borné à faciliter la *lecture* de celles-là, nous paraît un moyen précieux d'enseignement parce *qu'il permet une étude comparée de l'image conventionnelle de la chose à la chose elle-même.*

35. RÔLES PROPRES DES CARTES ET DES RELIEFS. — Pour nous résumer en deux mots, la *topographie d'un pays*, croyons-nous, *doit s'apprendre par les cartes ; mais les conventions qui président à la construction des cartes en général demandent, pour être comprises vite et bien, l'auxiliaire des reliefs.*

CHAPITRE II.

Planimétrie. Signes conventionnels. Accidents topographiques et géographiques.

36. DÉFINITION DE LA PLANIMÉTRIE. — Nous avons dit (6) que la *planimétrie* représente la *projection, réduite à l'échelle*, de toutes les lignes du sol sur un plan horizontal, c'est-à-dire (§ 5) que, de chaque point du sol, on suppose une perpendiculaire abaissée sur ce plan et qu'on relie ensuite, par des lignes continues, les pieds de ces perpendiculaires, comme les points correspondants du sol sont eux-mêmes reliés.

Cette projection peut être considérée comme une sorte d'*écrasement*, dans le sens vertical, de la surface plus ou moins ondulée du sol sur une surface horizontale.

Par exemple, la planimétrie de notre carte peut être regardée comme résultant de l'aplatissement du relief au niveau de la surface de la mer.

37. RÉDUCTION DES LIGNES DE LA PLANIMÉTRIE PAR RAP-

PORT A CELLES DU TERRAIN. — La conséquence qui résulte de cette définition, c'est que les lignes d'une carte, surtout lorsque le sol est accidenté, ne sont pas proportionnelles aux lignes correspondantes du terrain ; elles le sont

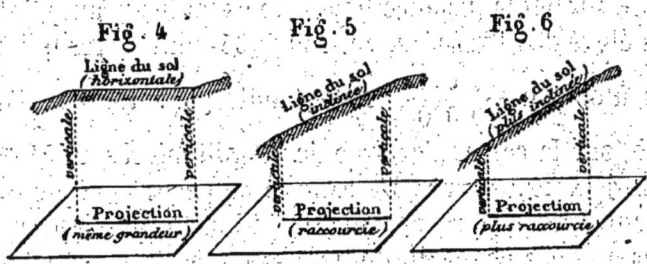

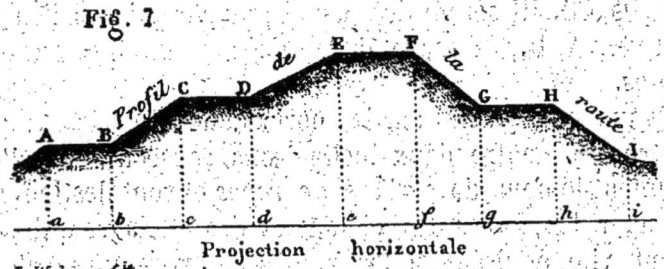

Réduction des longueurs en projection horizontale

seulement à leur projection horizontale, de sorte que lorsqu'on mesure, à l'aide de l'échelle, la distance entre deux points sur une carte, on obtient une longueur trop courte, sauf le cas, bien entendu, où la ligne qui joint les deux points est horizontale.

Cette règle importante, qu'il ne faut jamais perdre de vue, est rendue plus sensible peut-être par les figures 4, 5, 6, 7.

On remarquera aussi, par exemple, qu'une route *droite*, mais présentant une succession de *montées* et de *descentes*, autrement dit de *rampes* et de *pentes* se projettera suivant une ligne *droite*, plus courte que la route réelle, ainsi que le montre la figure 7.

Pour se rendre compte de cette différence entre les lignes du sol et leur projection, on n'a qu'à comparer les lignes fortement inclinées du relief avec les lignes correspondantes de la carte ; par exemple, en mesurant sur le bord du relief la distance depuis le canal jusqu'au point le plus élevé des Pyrénées, on trouve 65 millimètres qui représentent, au $\frac{1}{20.000}$, 1300^m, tandis que cette même distance, sur la carte, n'est que de 47 millimètres ou 940^m.

38. Pentes, rampes et paliers de repos. — Notons en passant, bien que ce ne soit pas ici le lieu, que les *pentes* et les *rampes* changent de nom selon la direction suivie ; ainsi, en marchant de A vers I (fig. 7) BC, DE seront des rampes, FG, HI seront des pentes ; au contraire si l'on va de I vers A, IH, GF seront des rampes et ED, CB seront des pentes.

Quand aux petites parties horizontales CD, EF,...., qui se trouvent entre deux inclinaisons consécutives, elles prennent le nom de *paliers de repos* et sont destinées à ménager les forces des piétons et des attelages qui seraient vite épuisées si les pentes et les rampes étaient trop longues.

39. Rapport approximatif entre la longueur réelle des routes et leur projection. — Nous donnerons au sixième chapitre (§ 151) le moyen d'apprécier plus ou moins exactement la différence entre une ligne et sa projection, cependant nous pouvons dire dès à présent qu'en pays de montagne, pour avoir la longueur approximative d'une route à parcourir, lorsqu'elle est suffisamment longue, on ajoute un tiers à la longueur donnée par la carte.

40. Appréciation de l'étendue sur les cartes. — Le lecteur, prévenu sur les réductions des longueurs produites par les projections horizontales, doit également se prémunir contre les fausses appréciations sur l'étendue représentée par la carte ; tel dessin en effet, compris dans un décimètre carré, représentera une plus grande étendue de terrain que tel autre dessin couvrant une feuille d'un mètre carré. De là la nécessité de *ne consulter aucun plan, aucune carte sans s'être préalablement bien rendu compte de l'échelle*[1].

On se fixera donc bien dans l'esprit ce qu'est, par exemple, une longueur de 10ᵐ, ou de 100ᵐ ou de 1 kilomètre et, d'un coup d'œil, les autres distances seront appréciées par leur comparaison mentale avec celle-ci. Si l'on veut une précision plus grande dans l'appréciation des distances, on se servira du compas ou, plus simplement, de la *bande de tailleur* (§ 16) dont l'usage sera expliqué au sixième chapitre (§ 145).

Lorsqu'on sera sur le terrain avec la carte, on ne devra pas perdre de vue non plus la petitesse de l'image comparée à la réalité.

On n'oubliera pas, par exemple, que tel sentier ou même que tel chemin que l'usage a rendu praticable aux voitures, étaient trop peu de chose pour être indiqués lors du levé de la carte. Les aspérités elles-mêmes qu'on apprendra à lire dans le chapitre suivant, tromperont aussi certainement l'observateur s'il ne songe pas, par exemple, qu'un mamelon de 80ᵐ de longueur et autant en hauteur, qui lui paraîtra énorme sur le terrain, n'occupera qu'une place d'un millimètre sur la carte de l'État-major.

En comparant du reste notre carte qui accompagne le relief avec sa réduction au $\frac{1}{6}$ environ, que nous donnons plus bas, on aura ainsi en regard la représentation du même terrain au $\frac{1}{20.000}$ et au $\frac{1}{120.000}$ environ et ces

---

[1]. Qu'il nous soit permis de rappeler ici une omission fâcheuse que l'on remarque dans les travaux de certains écrivains et publicistes qui, prenant la bonne habitude de joindre une carte à leur récit, oublient quelquefois de noter l'échelle de cette carte.

deux cartes permettront de mettre en pratique les observations qui précèdent.

41. Légendes. — Après s'être rendu compte de l'échelle et des conséquences qui en découlent pour la représentation graphique, il ne faut pas omettre de consulter les *légendes* ou *annotations* parce qu'elles donnent l'explication de certains détails nécessaires à l'intelligence de la carte.

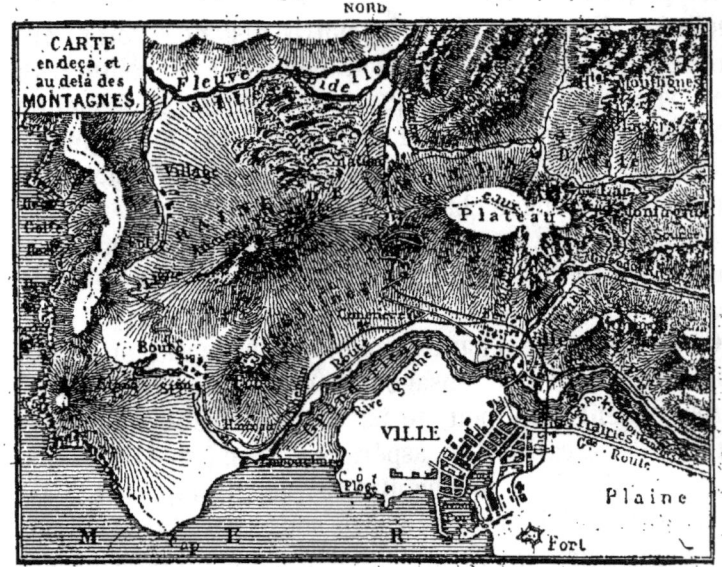

Fig. 8 *bis*. Réduction au $\frac{1}{6}$ environ, de la carte du relief topographique.

Mais, dans la plupart des cas, ces légendes sont insuffisantes et la carte ne peut être parfaitement comprise sans la connaissance préalable des signes imitatifs ou conventionnels que nous allons étudier.

42. Cartes au trait et cartes lavées. — **Teintes et signes conventionnels.** — Rappelons d'abord que les cartes sont *au trait* ou *lavées*; en d'autres termes, elles sont en *noir* ou en *couleur*, comme les gravures et les portraits.

Dans les deux cas, les limites et contours sont indiqués par des traits, mais la végétation, l'eau, la maçonnerie et autres détails sont représentés par des signes conventionnels. Ces conventions ne sont pas toujours uniformes; cependant celles qui sont adoptées par l'État-major et que nous avons employées pour notre carte, sont généralement suivies, surtout pour les cartes en noir. Quant aux cartes en couleur, on donne bien aussi une règle pour la composition et la signification des *teintes plates et panachées*, posées sur les *cartes minutes* [1], mais lorsqu'il s'agit du *lavis à l'effet*, destiné à reproduire, autant que possible, l'aspect des *objets vus de haut*, le dessinateur, qui devient presque paysagiste, cherche dans son inspiration propre, autant que dans les teintes conventionnelles les moyens d'imiter la nature.

Comme les cartes se trouvent dans le commerce plus fréquemment en noir qu'en couleur, nous avons préféré ne pas teinter la nôtre, mais à l'aide des renseignements que l'on trouvera au tableau suivant, et avec la pratique du lavis, il sera facile de la colorier.

Quant au relief, qui représente le terrain lui-même et non sa projection, le coloris doit se rapprocher de l'aspect général de la nature tout en restant dans l'esprit des teintes conventionnelles.

43. Notre carte résume les signes conventionnels. — Enfin, il est bon de prévenir aussi que les indications que nous donnons dans le tableau suivant (44) — du moins celles concernant les signes dessinés en noir — ne sont que le résumé de ce qui a été figuré soit sur notre carte au $\frac{1}{20.000}$ (fig. 8), soit sur ses deux légendes (fig. 9 et 10) [2] conséquemment il est indispensable de s'y reporter et de les examiner attentivement; il serait convenable même, pour mieux se graver les signes dans l'esprit, de les copier et de les dessiner.

1. C'est surtout à ce genre de lavis que s'appliquent les indications de notre tableau (§ 44) sur la composition des teintes.
2. Voir à la fin de cet ouvrage.

44. TABLEAU DES PRINCIPAUX SIGNES CONVENTIONNELS DE LA TOPOGRAPHIE.

DÉSIGNATION et DÉFINITION DES DÉTAILS.	REPRÉSENTATION DES DÉTAILS.		DÉTAILS CORRESPONDANTS SUR NOTRE CARTE.
	SUR LES CARTES EN NOIR.	SUR LES CARTES LAVÉES.	
FLEUVES. Cours d'eau qui se jettent dans la mer. RIVIÈRES. Cours d'eau qui se jettent dans un fleuve ou dans une autre rivière. RUISSEAUX. Petits cours d'eau peu importants.	Par deux traits plus ou moins irréguliers indiquant les sinuosités des rives. On file les eaux en dessinant d'autres traits parallèles s'écartant davantage à mesure qu'ils s'éloignent des rives. Le cours de l'eau est indiqué par une flèche.	Les traits parallèles sont remplacés par une teinte bleue légère et *fondue* vers le milieu, c'est-à-dire devenant plus pâle à mesure qu'elle s'éloigne des rives. Le bleu est formé par une partie d'indigo et 18 à 20 parties d'eau.	Voir le grand fleuve, le fleuve rapide, la rivière.
TORRENTS. Cours d'eau qui descendent généralement des flancs des montagnes et ne se forment souvent que pendant les grandes pluies ou la fonte des neiges. RAVINS. Sortes de tranchées étroites et sinueuses au fond desquelles coulent souvent les torrents.	Par un seul trait assez fin vers la source et plus gros à mesure qu'on s'approche de l'embouchure.	Le même trait en bleu.	Voir les divers ruisseaux et torrents qui descendent des flancs des montagnes.
LACS ET ÉTANGS. Étendues d'eau plus ou moins grandes, situées dans l'intérieur des terres.	Un trait pour le contour avec d'autres traits parallèles s'écartant de plus en plus pour filer les eaux. — Sur les étangs on remplace quelquefois les eaux filées par des traits horizontaux. Dans ce cas les eaux sont dites *hachées*. Une ligne plus ou moins accidentée suivant la nature de la côte, puis des eaux filées comme pour les lacs.	Teinte bleue fondue avec quelques traits par-dessus pour filer les eaux. Du côté de l'ombre la teinte est toujours plus foncée que du côté du jour.	Voir le lac au pied du glacier, l'étang près du bourg et le petit *lac de montagne* dans les Pyrénées.
MERS. Immenses étendues d'eau salée couvrant environ les trois quarts du globe.		Bleu verdâtre composé de une partie d'indigo, $\frac{1}{5}$ partie de gomme gutte et 20 à 24 parties d'eau. — Teinte fondue et filée comme pour les lacs.	Voir la mer à l'est. On n'a filé qu'une partie des eaux pour montrer la deuxième manière, plus économique, de les représenter en les hachant.

DÉSIGNATION et DÉFINITION DES DÉTAILS.	REPRÉSENTATION DES DÉTAILS.		DÉTAILS CORRESPONDANTS
	SUR LES CARTES EN NOIR.	SUR LES CARTES LAVÉES.	SUR NOTRE CARTE.
SABLES. **DUNES.** Petits monticules mobiles, composés principalement de sables qui s'avancent lentement dans les terres par l'action combinée de la mer et des vents.	Pointillé rond, serré et régulier. Pointillé imitant des monticules par une teinte plus foncée sur les bords.	Aurore formé de 2 parties de gomme gutte, $\frac{3}{4}$ de partie de carmin et 16 parties d'eau.	
BANCS DE SABLE. Accumulation de sable située en certains endroits de la mer et à l'embouchure des fleuves.	Points ronds un peu plus serrés sur les bords.	Lorsque les bancs sont vaseux, 1 partie de gomme gutte, $\frac{1}{3}$ d'encre de chine, très peu de carmin et d'indigo, et 20 à 24 parties d'eau. La teinte est plus foncée sur les bord que vers le milieu.	Voir à l'embouchure du grand fleuve, sur ses rives et en plusieurs endroits de son lit.
BANCS QUI COUVRENT ET DÉCOUVRENT. Bancs de sable ou de vase alternativement couverts et découverts par suite de la marée.	Limite du banc pointillée, et petite croix à l'intérieur.		
ROCHERS. Masses de pierre de nature et de formes très diverses répandues partout dans la nature, mais surtout dans les montagnes et sur le bord de la mer.	Traits irréguliers donnant autant que possible le caractère par la direction des fissures, la position et la forme des ombres, etc.	On emploie des teintes variées suivant la nature des rochers; c'est, en général, du côté de l'ombre, de la sépia ou de l'encre de Chine se fondant du côté des parties éclairées avec le jaune de Naples et quelques touches de terre de Sienne brûlée. Sur le bord de la mer, le jaune est relevé par des points d'indigo.	Voir les montagnes et le bord de la mer.
FALAISES. Rochers d'une composition particulière taillés à pic, sur le bord de la mer.			
CANAUX. Tranchées plus ou moins larges et plus ou moins profondes, creusées par les hommes pour joindre, à travers un pays, les cours d'eau et les mers.	Signes variables suivant l'échelle. Au $\frac{1}{40.000}$ et au $\frac{1}{80.000}$, un gros trait et un trait plus fin de chaque côté.	Mêmes lignes ; le gros trait est bleu, les deux autres sont noirs.	Voir le canal représenté par deux traits comme une rivière. Le canal se distingue facilement de la rivière par ses bords plus réguliers ; aux écluses les traits sont plus rapprochés, ils s'éloignent davantage aux bassins et aux gares.
ÉCLUSES. Cloisons mobiles placées sur un canal ou sur une rivière pour retenir et lâcher les eaux.	On interrompt le trait pour figurer un petit triangle dont la base s'appuie sur la largeur du canal.		
MARAIS. Sol couvert d'eau stagnante renfermant divers débris de végétaux.	Traits horizontaux parsemés de légers bouquets d'herbes formés par des petits traits verticaux et inégaux.	Teintes panachées vert d'herbe et bleu léger ; le vert d'herbe se compose de 3 parties de gomme gutte, 1 partie d'indigo, 8 à 10 parties d'eau. Le bleu comme celui des eaux.	Voir au cap, à l'embouchure du grand fleuve, les terrains bas et marécageux.

DÉSIGNATION et DÉFINITION DES DÉTAILS.	REPRÉSENTATION DES DÉTAILS.		DÉTAILS CORRESPONDANTS SUR NOTRE CARTE.
	SUR LES CARTES EN NOIR.	SUR LES CARTES LAVÉES.	
TOURBIÈRES. Exploitation de *tourbe*, c'est-à-dire d'une matière combustible qui se forme sous les eaux par l'accumulation de certaines plantes aquatiques.	Petits rectangles irréguliers, avec traits horizontaux.	Teinte des marais appliquée dans les petits rectangles.	Voir au nord du bourg.
TERRES LABOURABLES.	Petites lignes variées que l'on dirige suivant les sillons avec des points pour marquer les arbres fruitiers. Dans beaucoup de cas, et surtout lorsque les terres dominent, on les laisse en blanc.	Teinte brune : 3 parties de gomme gutte, 1 partie de carmin, $\frac{1}{4}$ de partie d'encre de Chine, 8 parties d'eau.	Les terres labourées sont disséminées un peu partout.
VIGNES.	Petits ceps formés d'un trait vertical et d'un S entrelacé ; sur les cartes à petite échelle, des lignes de points assez rapprochés.	Brun violet : 1 partie de gomme gutte, 1 partie de carmin, $\frac{1}{4}$ partie d'indigo, 8 parties d'eau.	En divers endroits, notamment entre le fleuve et les pays d'Auvergne ; sur les flancs sud du plateau perméable, elles sont représentées par des points.
PRAIRIES.	Pointillé serré formé de points un peu allongés dans le sens vertical.	Vert d'herbe comme celui des marais.	Voir autour de l'étang, au fond de la vallée parallèle, au bord de la mer, sur le bord du grand fleuve, etc.
BOIS.	Un feuillé plus ou moins varié et plus ou moins garni, suivant la nature des bois et l'échelle de la carte. Quand l'échelle le permet, on distingue par de petites étoiles les bois de sapin ou à feuilles persistantes.	Jaune jonquille composé de 1 partie de gomme gutte et de 7 ou 8 parties d'eau. On ajoute quelquefois un peu d'indigo.	Voir sur les montagnes et à l'est, dans le voisinage de la mer.
BROUSSAILLES.	Feuillé peu garni et léger mélangé de points.	Teinte panachée ; jaune paille formé de 1 partie de gomme gutte et de 14 à 16 parties d'eau ; vert léger comme celui des marais, mais plus pâle et un peu plus bleu.	Voir derrière les dunes et au pied des pays d'Auvergne, sur la *coulée de lave*.
BRUYÈRES.	Pointillé semé de petits bouquets comme ceux des marais.	Panaché vert-rose ; le vert comme ci-dessus, le rose composé de 1 partie de carmin et 12 parties d'eau.	Voir la région située à l'ouest de la coulée de lave.

DÉSIGNATION et DÉFINITION DES DÉTAILS.	REPRÉSENTATION DES DÉTAILS.		DÉTAILS CORRESPONDANTS SUR NOTRE CARTE.
	SUR LES CARTES EN NOIR.	SUR LES CARTES LAVÉES	
Landes.	Analogue aux bruyères, mais un dessin plus régulier.	Vert olivo et aurore, le vert est composé de 1 partie de gomme gutte, $\frac{1}{5}$ partie de bleu indigo, $\frac{1}{2}$ partie de la teinte rose des bruyères et 8 parties d'eau. L'aurore, de 1 partie de gomme gutte, $\frac{3}{5}$ de partie de carmin et 10 à 12 parties d'eau.	Voir la région située à l'ouest de la coulée de lave.
Friches.	Pointillé moins serré et moins régulier que celui des prairies.	Vert pistache et aurore léger. Le vert est formé comme celui des marais, mais moitié plus pâle et l'on y ajoute un peu plus de gomme gutte. L'aurore est semblable à celle des landes. Gommegutte et indigo mélangés également.	
Vergers.	Points en quinconces.	Feuillé vert foncé.	
Haies.	Un feuillé très-étroit suivant la direction de la haie.		
Jardins.	Petits rectangles formés par des allées qui se croisent et remplis de points variés de forme et de position.	Teintes multicolores.	Voir notamment aux environs des villes.
Construction.	*Hachures* à 45° ou teinte complétement noire si l'échelle est très-petite.	Carmin plus ou moins foncé suivant l'importance des constructions.	Voir les villes de premier et de troisième ordre, le bourg, le village, etc.
Murs.	Un trait noir un peu fort.		
Voies de communications.	Deux traits avec ou sans fossés, ou un seul trait, suivant l'importance des voies.	Trait rouge au carmin. En noir également à moins que l'échelle ne permette de teinter les fossés en bleu.	Voir les routes de diverses classes, joignant les villes entre elles, et remarquer leurs sinuosités en rapport avec les ondulations du sol ; observer entre les sinuosités des *sentiers de traverse* pour les piétons.
Chemins de fer.	Plus ou moins détaillés suivant l'échelle ; sur le $\frac{1}{80,000}$ un gros trait noir avec des points carrés alternés de chaque côté.	En noir ou quelquefois en bleu gris fer foncé.	En exagérant un peu, notre échelle a permis de figurer les chemins de fer par deux traits pour détacher davantage les différents talus.

DÉSIGNATION et DÉFINITION DES DÉTAILS.	REPRÉSENTATION DES DÉTAILS.		DÉTAILS CORRESPONDANTS
	SUR LES CARTES EN NOIR.	SUR LES CARTES LAVÉES.	SUR NOTRE CARTE.
TALUS. Faces plus ou moins inclinées qui limitent les remblais, les déblais et certaines constructions en maçonnerie.	Des hachures perpendiculaires au bord et s'amincissant en descendant.	En noir ou, sur les cartes à grande échelle, en sépia, fondue vers le bas.	Voir ceux qui longent le canal et les chemins de fer.
TUNNELS. Passages creusés sous terre.	Traits interrompus.	Comme sur les cartes en noir.	Voir le tunnel, au col principal, vers le milieu de la carte.
PARTIES CACHÉES OU DÉTRUITES.	En pointillé noir.	En pointillé noir.	Voir les ruines sur la montagne qui domine le bourg.
LIMITE D'ÉTAT.	Une ligne formée de croix et de points allongés alternés.	Bleu foncé.	
LIMITE DE DÉPARTEMENT.	Points allongés.	Bleu léger.	
LIMITE D'ARRONDISSEMENT.	Points ronds, et allongés alternés.	Rouge.	Cette convention est celle de l'État-major, mais elle varie avec les cartes particulières.
LIMITE DE CANTON.	Points ronds gros et petits alternés.	Vert.	
LIMITE DE COMMUNE.	Petits points ronds.	Minium.	

45. Tableau des principales abréviations employées sur la carte de France.

Abb^e	Abbaye.	Ch^{née}	Cheminée.
Aig^{le}	Aiguille.	Cim^{re}	Cimetière.
Aq^{uc}	Aqueduc.	Cit^{elle}	Citadelle.
Arb.	Arbre.	Colomb^r	Colombier.
Aub^{ge}	Auberge.	C^{al}	Cortal.
B^{que}	Baraque.	Couv^t	Couvent.
B^{in}	Barin.	Cr^x	Croix.
B^{re}	Barrière.	Dép^{le}	Départementale.
B^{in}	Bassin.	Dig.	Digue.
B^{ide}	Bastide.	Dom^e	Domaine.
Bat^{ie}	Batterie.	D^{ne}	Douane.
B^{ie}	Bergerie.	D.	Dune.
B.	Bois.	E. min.	Eau minérale.
B^{de}	Borde.	Éc^{se}	Écluse.
B^{che}	Bouche.	Éc^{rie}	Écurie.
Briq^{ie}	Briqueterie.	Ég^{se}	Église.
B^{on}	Buisson.	Emb^{re}	Embarcadère.
B^{on}	Buron.	Emb^{ure}	Embouchure.
C^{ne}	Cabane.	Étab^{nt}	Établissement.
Cab^{et}	Cabaret.	Ét. ou Éts	Étang.
C. T.	Canton.	Ét^{le}	Étoile.
C^{al}	Canal.	Fab^e	Fabrique.
C.	Cap.	F^{bg}	Faubourg.
Carref^r	Carrefour.	F^{me}	Ferme.
Carr^e	Carrière.	Fl.	Fleuve.
Cay^r	Cayolar.	F^{rie}	Fonderie.
C^{se}	Cense.	F^{ne} ou Font^{ne}	Fontaine.
Ch^{ne}	Chaîne.	F^t	Forêt.
Ch^{et}	Châlet.	F^{ge}	Forge.
Ch^{elle}	Chapelle.	F^t	Fort.
Ch^{au}	Château.	G^{ler}	Glacier.
Ch^{ée}	Chaussée.	G^{ge}	Gorge.
Ch^{in} de F.	Chemin de Fer.	G^d	Grand.

Gge	Grange.	Pte	Porte.
Hau	Hameau.	Poudie	Poudrerie.
I.	Ile.	Pte de Dne	Poste de Douane.
Imple	Impériale.	P. F.	PRÉFECTURE.
Jse	Jasse.	Qr	Quartier.
Jée	Jetée.	Rau	Radeau.
K.	Ker.	Rede	Redoute.
L.	Lac.	Rise	Remise.
Lag.	Lagune.	Retrnt	Retranchement.
Lde	Lande.	R. ou Riv.	Rivière.
Locre	Locature.	Rer	Rocher.
Mon	Maison.	Roubne	Roubine.
Malrie	Maladrerie.	Rte	Route.
Manufre	Manufacture.	Rale	Royale.
Ms	Marais.	R.	Rue.
M.	Mas.	Rau	Ruisseau.
Mélie	Métairie.	Sal.	Saline.
Mt	Mont.	Salple	Salpêtrerie.
Mgne	Montagne.	Sapre	Sapinière.
Min	Moulin.	Scie	Scierie.
Natale	Nationale.	Sém.	Sémaphore.
N.-D.	Notre-Dame.	Sal	Signal.
Nau	Nouveau.	Somt	Sommet.
Oy	Orry.	S.-P.	SOUS-PRÉFECTURE.
Paple	Papeterie.	Sten	Station.
P.	Parc à bestiaux.	Télége	Télégraphe.
Pge	Passage.	Tnt	Torrent.
Pon	Pavillon.	Tr	Tour.
Ph.	Phare.	Tie	Tuilerie.
P.	Pic.	Use	Usine.
Plau	Plateau.	Vacie	Vacherie.
Pt	Petit.	Vée	Vallée.
Pte	Pointe.	Von	Vallon.
Pt	Pont.	Vrie	Verrerie.
Pt	Port.	Ver	Vivier.

46. Signes particuliers. — Outre les signes principaux et les abréviations que nous venons d'indiquer, il existe beaucoup de signes particuliers que l'usage apprend vite à distinguer ; on en trouvera du reste un certain nombre en parcourant notre carte. Ainsi, par exemple, on remarquera sur l'un des pays d'Auvergne un *point trigonométrique* représanté par un triangle, avec l'abréviation s^{al} (signal). On sait que ces points ou signaux, disséminés partout sur la surface de la France, et tous reliés entre eux par des triangles, ont été établis par l'état-major, pour servir de repères aux géomètres du cadastre qui rattachaient toutes leurs opérations aux lignes déterminées par ces points. On remarque aussi, à côté, un *télégraphe*, puis sur le bord des rivières, des *moulins*, des *forges*, sur les hauteurs, *des moulins à vent*, des *tours*, sur la côte, un *cap*, un *phare*, à côté des noms des villes, les initiales P. F. (préfecture), S. P. (sous-préfecture), C. T. (canton), aux abords des villes et des villages, des *cimetières*, sur le bord du canal, une *carrière en exploitation*, etc., etc.

47. Signes conventionnels des services spéciaux. — Certains services, comme les ponts-et-chaussées et l'architecture, dans leurs représentations graphiques, s'éloignent quelque peu des prescriptions de l'État-major, mais les légendes qui accompagnent leurs plans et cartes donnent presque toujours la clef des signes ; il en est de même des armes spéciales comme le génie et l'artillerie, dont nous avons groupé les signes dans l'une des légendes (fig. 10)[1], principalement d'après le mémorial de l'officier du génie, de Laisné. Enfin dans certaines cartes départementales ou cantonales, de même que dans d'autres cartes spéciales, le dessinateur et le graveur, tout en restant dans l'esprit général de la carte de l'état-major, s'en écartent néan-

---

1. Voir à la fin de cet ouvrage.

moins quelquefois, afin de mieux atteindre le but spécial qu'ils se proposent.

48. Accidents géographiques. — En suivant sur la carte, le bord de la mer à l'ouest et au sud, on retrouvera également la plupart des accidents étudiés en géographie, tels que :

49. Golfes. — Parties de mer qui s'avancent plus ou moins dans les terres, comme on peut le remarquer à l'embouchure de notre grand fleuve. Le golfe, en cet endroit, n'est peut-être pas suffisamment accentué parce que la côte, à l'est du port, est coupée brusquement par le bord du relief, mais à gauche du relief les sinuosités de la mer offrent l'exemple de nombreux golfes plus petits, et mieux caractérisés.

50. Anses, baies ou criques. — Analogues aux golfes, mais plus petits. Entre la pointe des *falaises* et les îles qui avoisinent le détroit on peut compter cinq anses au fond desquelles se jettent de petits ruisseaux ou torrents ; l'espace total compris entre ces deux mêmes points est un *golfe ;* on voit donc qu'un golfe peut renfermer plusieurs anses. A cause de leur étendue relativement restreinte, les anses, surtout lorsque la côte est élevée, permettent d'abriter les vaisseaux mieux que les golfes, mais les accès en sont souvent difficiles, aussi sont-elles plutôt fréquentées par les barques.

51. Rades. — Plus petite qu'un golfe, plus grande qu'une anse ; accessibles par conséquent aux vaisseaux, qu'elles abritent des vents et où ils stationnent généralement en attendant leur entrée au port.

52. Embouchures. — Lieux où les fleuves se jettent dans la mer, qui, en cet endroit rentre souvent dans les terres, comme l'indique notre carte, au sud.

53. Détroits. — Partie de mer plus ou moins resserrée entre deux côtes plus ou moins étendues, comme celui que nous indiquons.

54. Caps. — Pointes de terre, qui s'avancent dans la mer ; elles sont tantôt aiguës comme celles qui limite la *rade*, tantôt arrondies comme à l'ouest du golfe.

55. Plages. — Côtes basses, inondées en partie à la marée haute, et couvertes de cailloux arrondis nommés *galets* ou de sables plus ou moins fins. Telle est la nature de la côte entre l'embouchure du grand fleuve et le port.

56. Dunes. — En certains endroits des côtes les sables s'amoncellent en petites éminences arrondies et forment les *dunes*, qui s'avancent de plus en plus dans les terres. On les arrête, on les *fixe*, en plantant certaines espèces de pins d'où l'on tire des résines, moyen simple autant qu'efficace dû à l'ingénieur Brémontier qui a ainsi, tout en protégeant contre l'envahissement des sables plusieurs de nos départements, transformé des côtes arides en un sol productif. Derrière la *plage* nous avons représenté quelques dunes, que des bois de pins empêchent de s'avancer dans les terres.

57. Expressions propres aux villes maritimes. — On trouve encore, sur les cartes topographiques des lieux situés dans le voisinage de la mer, notamment sur les plans ou cartes des ports, des accidents naturels et artificiels désignés par des noms spéciaux qu'il est bon de connaître et que nous avons résumés dans la ville de premier ordre figurant en même temps un port important.

58. Sondes. — On remarquera tout d'abord, dans le voisinage de la côte, des *cotes* ou *sondes*, à l'embouchure du fleuve, semées çà et là, qui indiquent, en mètres et en décimètres, *la profondeur de l'eau*. Les *sondes* sont le contraire des *altitudes* qui indiquent la hauteur du sol au dessus du niveau de la mer et dont nous parlerons plus tard. On comprend que ces cotes sont de la plus haute importance pour les navigateurs, qui éviteront facilement de *toucher le fond* en comparant les données de leurs cartes avec le *tirant d'eau* de leurs vaisseaux ; aussi tous les lieux peu profonds et susceptibles d'être fréquentés par les navires sont-ils garnis de *sondes*, figurées avec le plus grand soin sur des cartes spéciales appelées *cartes marines*.

59. BANCS DE SABLE. — BANCS QUI COUVRENT ET DÉCOUVRENT. — Les sables s'accumulent non-seulement sur certaines plages, mais encore dans la mer, notamment aux embouchures des fleuves et dans le voisinage des côtes lorsque les eaux sont peu profondes; ils prennent alors simplement le nom de *bancs*, lorsqu'ils sont toujours visibles, ou de *bancs qui couvrent et découvrent* lorsqu'ils ne sont apparents qu'à la *marée basse*. Les premiers sont marqués sur notre carte par un pointillé serré, les seconds par leurs contours pointillés renfermant des croix.

60. JETÉES ET DIGUES. — MÔLES. — FEUX DE PORT. — Les *jetées* et les *digues* sont des espèces de murs que l'on construit dans la mer, en avant des ports, pour amortir le choc des vagues, arrêter les sables, les galets, etc.; elles s'appuient le plus souvent sur des rochers naturels ou sur des blocs artificiels. Telles sont celles que nous avons figurées en avant de notre port et qui se terminent par une partie arrondie désignée sous le nom de *môle* sur lequel on place habituellement une tour pour recevoir les *feux de port*.

61. PASSE. — GOULET. — L'entrée des ports est souvent rétrécie, par la nature ou par l'art, à la façon d'un *goulet* de bouteille; de là le nom qui lui est donné. Celui de *passe* est particulièrement réservé pour les entrées difficiles, entre deux bancs de sable par exemple.

62. ATTERRISSEMENTS. — Il arrive quelquefois, à l'embouchure des fleuves, que les *passes* deviennent de plus en plus difficiles, par suite d'une accumulation de plus en plus considérable de sables et débris de toutes sortes à laquelle on donne le nom d'*atterrissement*. De là l'impossibilité, pour certains navires, de pénétrer dans le fleuve et l'abandon de ports, autrefois florissants, établis à ces embouchures. Dans ce cas, on creuse quelquefois, dans le voisinage, un port nouveau, mieux placé, communiquant avec le fleuve par un canal au-delà des atterrissements. C'est ainsi qu'on peut expliquer l'existence et la position du port que nous avons simulé.

63. Avant-port. — Bassins. — Docks. — Quand la nature des côtes ou la disposition des jetées le permettent, il existe avant le port proprement dit un espace plus ou moins grand, parfaitement abrité, qui prend le nom d'*avant-port*. C'est là que les vaisseaux peuvent attendre facilement leur tour pour se placer convenablement dans le port ou dans des *bassins* communiquant avec celui-ci par une écluse et destinés à recevoir les bâtiments qui doivent charger et décharger directement dans les *docks ou magasins*, ainsi que ceux qui ont besoin de réparation. Nous avons creusé plusieurs bassins pour montrer leurs dispositions, et nous avons amené jusque sur leur bord un chemin de fer.

64. Définitions géographiques a l'intérieur des terres. — Si maintenant nous quittons les côtes pour pénétrer dans l'intérieur des terres, nous aurons l'occasion de rappeler un certain nombre de définitions ayant trait à la forme du sol, mais ces défininitions trouveront leur explication au chapitre III, après l'exposé du *figuré du terrain*.

65. Longitude et latitude. — On remarquera aussi, sur les cartes topographiques à petite échelle, comme sur les cartes géographiques, des lignes droites ou légèrement courbes, se coupant à angles droits ; on sait qu'elles permettent de déterminer graphiquement la *latitude* et la *longitude* d'un lieu situé sur la carte, et réciproquement, de trouver tel point de la carte dont on connaît la *longitude* et la *latitude*, ainsi qu'on l'explique en géographie.

66. Orientation de la carte. — Pour terminer ce qu'il nous reste à dire sur la planimétrie, nous rappellerons que le *nord* se trouve habituellement en haut des cartes ; s'il en est autrement, sa direction est toujours marquée par une flèche. Dans tous les cas, il faut toujours, quand on veut reconnaître un terrain dont on a la carte à la main, *orienter* celle-ci, c'est-à-dire *la placer de telle sorte que sa ligne méridienne* soit parallèle à celle du lieu et dirigée dans le même sens. On trouve approximativement la direction du nord, sur le terrain, en employant la boussole ou en observant la direction de l'ombre à midi. A défaut du nord, on choisit sur la carte une route ou deux points remarquables que l'on aperçoit sur le terrain, et l'on agit avec la ligne qui joint ces deux points comme on agirait avec une ligne méridienne, c'est-à-dire que l'on place la ligne de la carte parallèlement à la ligne correspondante du sol et dirigée dans le même sens.

CHAPITRE III.

Figuré du relief. Courbes de niveau. Lignes et formes remarquables.

67. FIGURÉ DU RELIEF. — La planimétrie est généralement suffisante pour représenter un terrain horizontal ou peu accidenté, mais il n'en est pas de même dans le cas contraire; alors il est nécessaire de recourir au *figuré du relief* qui permet d'indiquer sur une carte, à l'aide de certaines conventions, tous les mouvements, toutes les ondulations du terrain (6).

68. NOTIONS HISTORIQUES. — Il y a longtemps déjà que le figuré du relief a préoccupé les géographes et les topographes. Bien avant Philippe Buache, Ducarla et Dupain-Triel, qui les premiers semblent s'être servis des courbes de niveau dont nous parlerons tout à l'heure, on représentait les montagnes sur les cartes géographiques et topographiques par une sorte de dessin perspectif qui ne manquait peut-être pas de pittoresque, mais qui assurément ne donnait que d'une manière bien imparfaite et bien approximative les formes et les sinuosités du terrain ; l'exactitude de la planimétrie elle-même était souvent altérée à cause de l'emplacement hors de toute proportion qu'occupaient ces vues à vol d'oiseau qu'on peut encore remarquer sur les vieilles cartes, antérieures à Cassini.

Il y a un siècle à peine, au temps de ce grand géomètre, — dont la belle carte de France, délaissée depuis celle de l'État-major, n'est peut-être plus assez appréciée aujourd'hui, — les vallées, et par suite les plateaux et les montagnes qui les séparent, étaient figurées par un dessin particulier de hachures qui offrait à l'œil un assemblage lourd et disgracieux de chenilles se tordant en tout sens, mais assez exact comme formes générales ; toutefois, si les mouvements principaux se trouvaient suffisamment indiqués, il n'en était pas de même des ondulations secondaires souvent sacrifiées ni même de l'importance relative des grands accidents, que le figuré conventionnel ne pouvait rendre que très-difficilement.

Il faut donc véritablement arriver au commencement de notre siècle, à l'origine de la carte de l'état-major, pour trouver un procédé précis, à l'aide duquel les plus petits détails peuvent être exactement représentés. C'est ce procédé, que Buache avait pressenti vers 1738 dans sa carte du fond de la Manche, que Ducarla appliqua ensuite aux terrains insubmersibles et que Dupain Triel développa tout au long en 1782 dans sa « méthode nouvelle de nivellement », qui va faire l'objet de ce chapitre.

69. Moyen employé pour figurer le relief. — Supposons le terrain coupé par une suite de plans horizontaux *également espacés*, à peu près comme on pourrait couper une pomme par tranches parallèles d'égales épaisseurs, les sections détermineront à la surface du sol une série de *courbes horizontales*, très-variables dans leurs formes, se projetant en vraie grandeur sur la planimétrie, et dont l'ensemble définira la surface, comme nous le verrons plus loin, *avec d'autant plus de précision que les plans horizontaux seront plus rapprochés.*

Pour rendre plus sensible cette convention fondamentale du figuré du terrain, considérons la partie de notre relief limitée par la mer, le fleuve, le canal, le lac, la rivière et le torrent et imaginons que le niveau des eaux de la mer monte peu à peu jusqu'aux sommets les plus élevés ; supposons de plus qu'à différents instants de cette inondation, par exemple, lorsque l'élévation atteint une hauteur de 20^m, puis de 40^m, de 60^m, etc.; on lève les contours successifs de l'eau tels qu'ils sont gravés sur le relief, pour les reporter sur la planimétrie, on obtiendra un ensemble de courbes identiques à celles qui seraient obtenues par les *sections horizontales*, car la surface de l'eau, lorsqu'elle est peu étendue, peut être considérée comme un plan horizontal qui s'élève parallèlement à lui-même [1].

70. COURBES DE NIVEAU OU SECTIONS HORIZONTALES. — COTES OU ALTITUDES. — ÉQUIDISTANCE DES COURBES. — Les courbes ainsi déterminées prennent le nom de *courbes de niveau* ou encore de *sections horizontales* ; les nombres qui indiquent, en mètres et en centimètres, s'il y a lieu, la hauteur de ces courbes ou d'un point quelconque *au dessus* du niveau de la mer sont des *cotes* ou *altitudes* ; enfin, la différence *constante* entre les hauteurs de deux courbes consécutives est désignée sous le nom d'*équidistance des courbes.*

71. ÉTUDE DES COURBES SUR LES CORPS GÉOMÉTRIQUES. — Ces courbes étant dessinées sur les cartes d'après les le-

---

[1] Cette inondation imaginaire peut être simulée d'une manière frappante en découpant à jour et suivant l'une des courbes de niveau de notre carte, une feuille de papier que l'on place ensuite sur le relief.

vés et nivellements effectués sur place, et échelonnées dans l'espace, par la pensée, comme elles le sont réellement sur le terrain, nous allons voir comment leur *écar-*

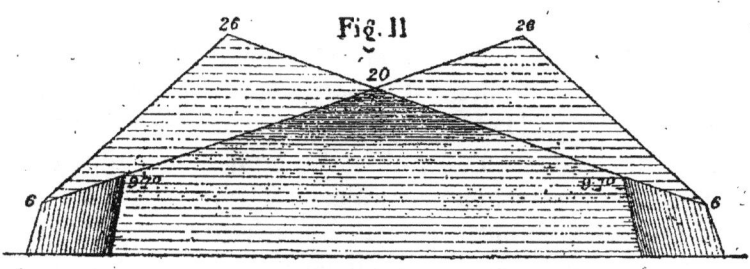
Fig. 11

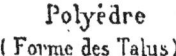
Polyèdre
(Forme des Talus)

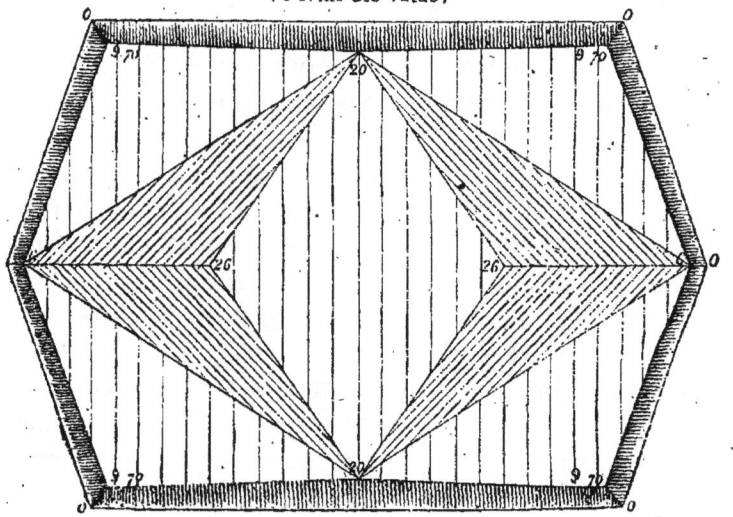

Les horizontales sont des droites parallèles sur chaque face et plus ou moins rapprochées selon l'inclinaison des plans.

tement et leurs *sinuosités* vont traduire les formes topographiques ; mais avant de les étudier dans leurs généralités, nous allons les observer d'abord sur plusieurs figures géométriques et sur une face humaine, la diane de Gabies, placées en légende sur le relief et sur sa carte, et du figuré du relief de ces formes familières, nous tirerons des conséquences applicables à un terrain quelconque.

72. Courbes sur les polyèdres. — La première figure à étudier est naturellement le *polyèdre posé sur un plan horizontal* (fig. 11) sur lequel nous avons tracé des sections équidistantes d'un millimètre en hauteur, ainsi que l'indique la projection verticale. Il n'est pas difficile de voir que les différents plans inclinés formant les faces de ce polyèdre sont définis en plan ou projection horizontale par des *droites parallèles également écartées*.

On remarquera aussi, en comparant le plâtre au dessin, que *cet écartement des droites, sur la projection horizontale, est d'autant moindre que les plans sont plus inclinés*. Cette remarque, que nous aurons l'occasion de faire sur d'autres figures, nous sera importante pour la suite.

73. Courbes sur les cônes. — Une seconde figure non moins connue et non moins simple est la forme en pain de sucre ou *cône droit* (fig. 12), *circulaire, coupé parallèlement à sa base*, dont les lignes de niveau, circulaires et concentriques, *sont aussi partout également distantes à cause de la pente du cône égale partout*.

Il va sans dire que si l'axe du cône n'est plus perpendiculaire aux sections horizontales, les courbes sont différentes ainsi que la pente, comme on peut le voir sur la figure 13 qui représente un *cône posé sur un plan oblique*; là encore on remarquera que *plus la pente est rapide pour arriver au sommet, plus les courbes sont rapprochées sur la projection horizontale*.

74. Courbes sur les sphères. — Dans la *sphère* (fig. 14), les courbes sont concentriques comme celles du cône, mais elles *deviennent d'autant plus écartées qu'on se* rapproche du sommet ou pôle, à cause de la pente qui devient de moins en moins rapide.

75. Courbe sur le paraboloïde hyperbolique. — Enfin,

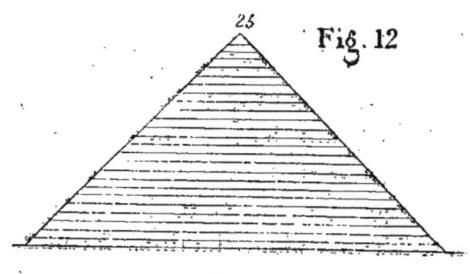

Fig. 12

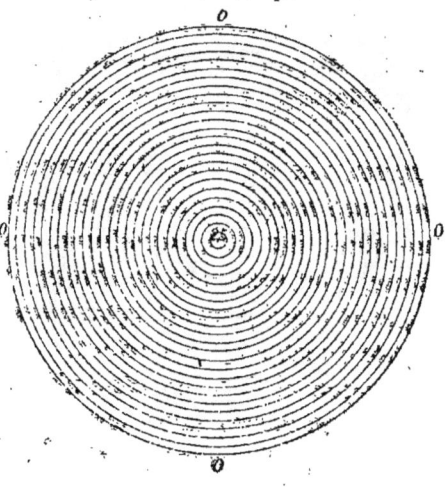

Cône droit circulaire.
(Forme volcanique)

Les horizontales sont des circonférences concentriques, également écartées, et dont le centre est au sommet.

le *paraboloïde hyperbolique* (fig. 15) est une figure géométrique dont les sections horizontales sont également fort utiles à observer, parce qu'elles donnent la représentation classique du *col topographique* dont nous parlerons plus tard (§ 80) ; on remarquera donc les deux séries de

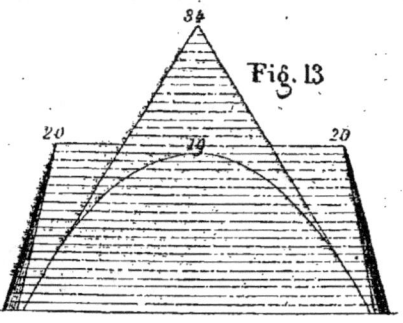

Fig. 13

Cône droit posé sur un plan incliné
(forme en dos d'âne)

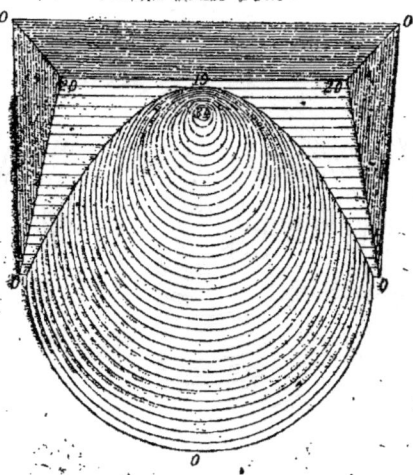

Les horizontales sont des ellipses coupant en parties égales toutes les génératrices, c'est-à-dire toute droite menée de la base au sommet.

courbes opposées qui partent d'un point central nommé *sommet*, les unes en montant, les autres en descendant, de telle sorte que ce *point est le plus bas si l'on considère la série ascendante et le plus haut si l'on considère la série descendante.*

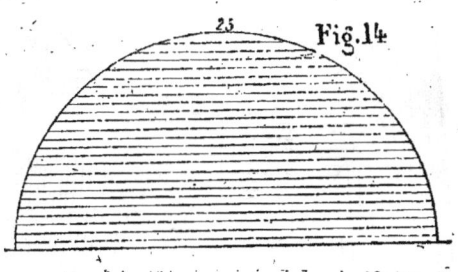

Demi-sphère
(Forme Ballonnée)

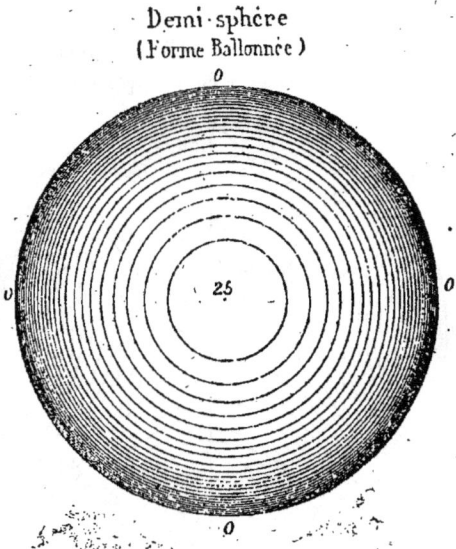

Les horizontales sont des circonférences concentriques dont le centre est au pôle, et qui sont plus rapprochées à mesure qu'elles s'éloignent de ce point.

76. Courbes sur la face humaine. — Après avoir examiné attentivement ces différentes représentations, en allant du relief à la carte et réciproquement, passant à la face humaine, traduite également par des sections hori-

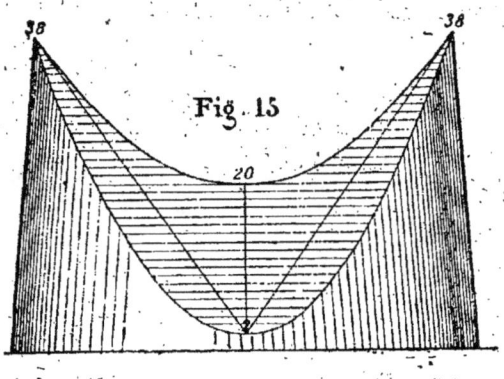

Fig. 15

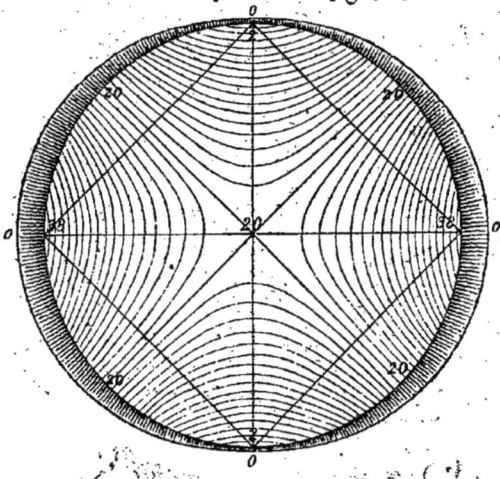

Paraboloïde hyperbolique équilatère
(Forme Classique du Col topographique)

Les horizontales sont deux séries d'hyperboles, lignes à courbures opposées, dont l'une est montante et l'autre descendante à partir du sommet ou col du paraboloïde, côté 20.

zontales (fig. 16), nous remarquerons aisément les courbes écartées qui définissent le menton, le commencement des joues, le dessus du nez, le front, puis les courbes allongées et rapprochées qui caractérisent les flancs du nez et

Fig. 16

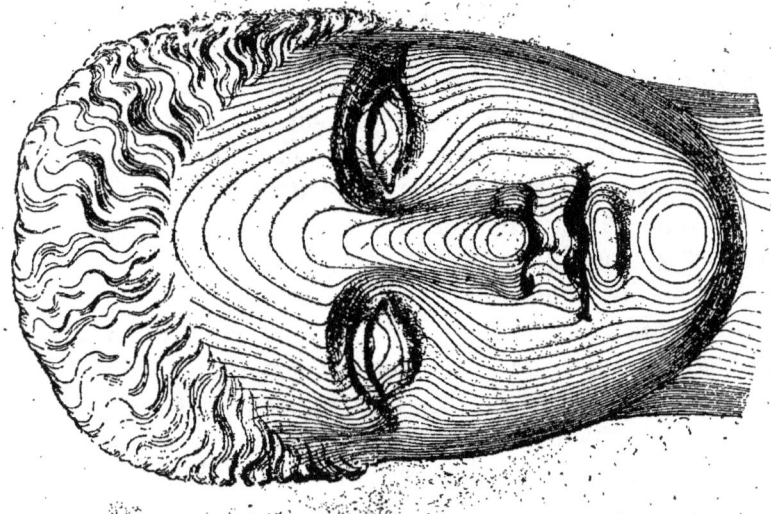

Face humaine
(Formes diverses)

Les horizontales sont des courbes variées représentant des formes familières à tous : formes concaves, formes convexes, formes arrondies, formes allongées, pentes douces, pentes rapides, etc.

les lèvres, les parties inférieures des joues ; nous suivrons attentivement les sinuosités de ces courbes diverses sur les yeux, sous les narines, entre les lèvres, et nous en concluerons que des courbes analogues sur une carte représenteront des formes analogues du terrain. Pourtant, ici, malgré la précision apportée au tracé mathématique de ces courbes de niveau, il n'est pas difficile de voir qu'il faut autre chose pour donner le mouvement, l'expression et la vie, et que la science ne peut remplacer l'art, précepte vrai, jusqu'à un certain point, même dans le dessin topographique.

77. Courbes sur le relief et sur la carte. — Après cette étude préliminaire sur des formes simples, on peut aborder l'étude des formes multiples de notre relief et, si l'on a bien compris la représentation des premières, celle des secondes s'en déduira facilement.

En effet, en nous bornant, quant à présent, à la région précédemment décrite et qui est caractérisée par les courbes *gravées* sur le plâtre et sur la carte, courbes grossies de 100 en 100, pour faciliter la lecture, on reconnaîtra plus ou moins, avec un peu d'attention, que celles-ci peuvent se rattacher dans leurs diverses parties aux courbes géométriques, et, par suite, qu'elles donnent une représentation analogue.

78. Formes planes. — Par exemple, depuis la route stratégique qui va du Bourg au fort jusqu'au puy d'Auvergne, coté 736, les courbes étant sensiblement droites et à peu près également rapprochées, on en conclura qu'on arrive au sommet par une sorte de *plan incliné*, analogue à ceux du polyèdre précédemment étudié (§ 72).

79. Formes coniques. — Les puys sont le centre de courbes assez régulières qui nous rappellent la forme conique (§ 73), et en regardant le relief, on verra qu'en effet l'analogie est frappante.

80. Cols. — Entre les deux sommets, cotés 736 et 719, le *col* marqué 717 est bien analogue, par les deux séries de courbes qui l'avoisinent, ou *paraboloïde hyperbo-*

lique (§ 75) ; un autre col, également bien caractérisé, se trouve placé entre les puys et les plateaux, au-dessus du tunnel. Notons en passant que les cols, que nous avons définis en parlant du paraboloïde hyperbolique, sont des points importants, car c'est habituellement par eux que passent les routes qui traversent une chaîne de montagnes.

81. FORMES SPHÉRIQUES. — Certains sommets arrondis, situés sur les flancs des puys, au sud et à l'ouest, de même qu'un grand nombre des sommets des Vosges, semblent être un fragment de sphère appuyé contre le flanc, aussi, dans une certaine partie, les courbes qui les figurent sur

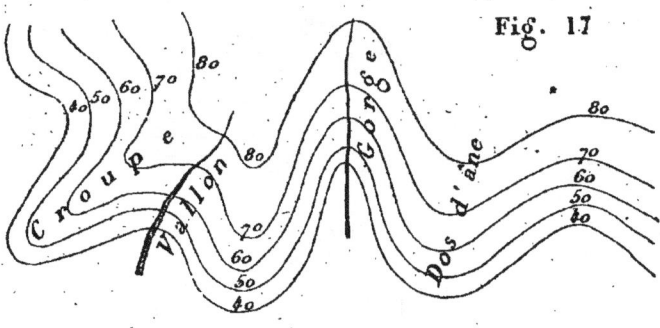

Fig. 17

Ondulations du terrain dans le sens horizontal

la carte se rapprochent-elles par leurs formes et leur écartement des courbes qui caractérisent la forme sphérique (§ 74).

82. ONDULATIONS DANS LE SENS HORIZONTAL. — DOS D'ANE. — CROUPES. — En d'autres lieux, par exemple sur les coteaux qui descendent du plateau perméable et sur ceux qui dominent le bord de la mer, les courbes présentent une succession de parties *convexes* et de parties *concaves* et forment ainsi une série *d'ondulations dans le sens horizontal* qu'on imiterait assez bien en plaçant côte à côte une série de cônes obliques ou de nez aplatis. Dans ce cas les parties convexes ou bombées prennent souvent le nom de *dos d'âne* ou de *croupe*, et les parties concaves ou creuses, surtout lorsqu'elles sont profondes, celui de *vallon* ou de *gorge* (§ 91) [1].

La figure 17 résume d'ailleurs ces deux espèces de formes.

83. ONDULATIONS DANS LE SENS VERTICAL. — SOL EN ÉTAGE. — Lorsqu'on arrive à un sommet ou à une crête

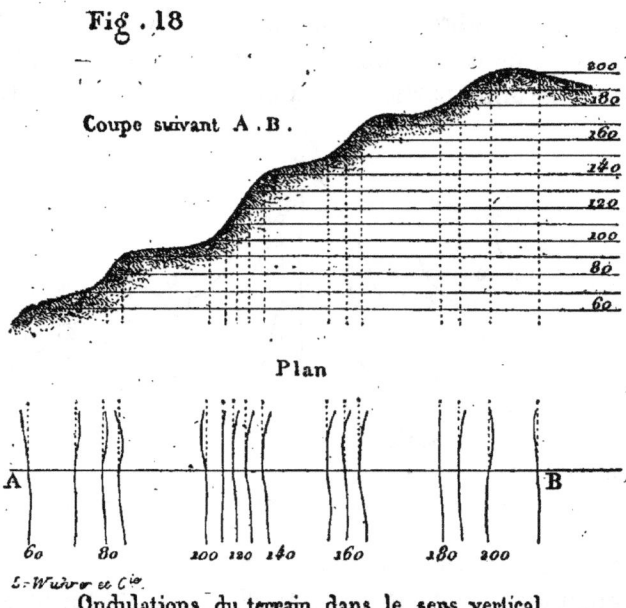

Ondulations du terrain dans le sens vertical

par une suite de coteaux en étages inégalement inclinés, les courbes sont inégalement espacés et marquent ce qu'on appelle des *ondulations dans le sens vertical ou un sol en étage*; c'est ce qui a lieu quand on va, par

---

1. Remarquons que les expressions *convexes* et *concaves* ne sont bien placées qu'autant qu'on regarde le terrain de bas en haut, car si on le regardait de haut en bas le contraire aurait lieu; c'est-à-dire que les *gorges* seraient figurées par des courbes *convexes* et les *croupes* par des courbes *concaves*.

exemple, du fleuve aux puys d'Auvergne, et ce qu'on reconnaîtra encore mieux dans la figure 18.

83 *bis*. ONDULATIONS DANS LES DEUX SENS. — On comprend que les deux formes précédentes peuvent se trouver réunies en un même lieu ; dans ce cas, les ondulations sont caractérisées comme l'indique la figure 18 *bis*.

84. AMBIGUÏTÉ DES COURBES NON COTÉES. — Après avoir

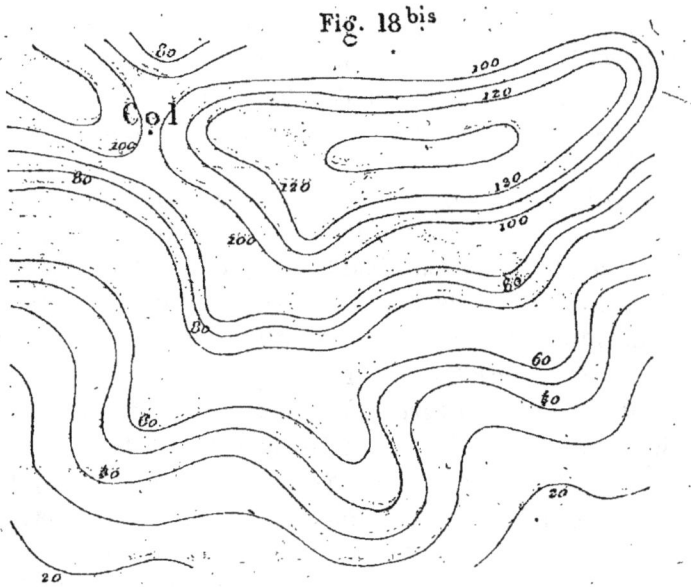

Ondulations du terrain dans les deux sens

étudié isolément les formes du terrain et leur représentation graphique, si nous les considérons dans leur ensemble, nous trouverons l'occasion de définir certaines lignes aussi importantes en géographie qu'en topographie et surtout nous pourrons en avoir une idée précise en les examinant à la fois sur le relief et sur la carte ; mais avant il est bon de noter que les courbes de niveau ne traduisent les formes que lorsqu'elles sont *cotées*, car autrement elles donneraient deux solutions entièrement opposées ; on pourrait en effet lire un *creux* à la place d'une *saillie*, une *convexité* à la place d'une *concavité* [1], en un mot, voir le *moule* du relief au lieu du relief lui-même ; mais les cotes ou *altitudes*, qui sont toujours inscrites à côté des courbes, ne laissent subsister aucun doute à cet égard ; elles indiquent parfaitement si ces courbes sont *ascendantes* ou *descendantes*. D'ailleurs, les cotes manqueraient-elles que d'autres indices aussi certains viendraient le plus souvent éclairer le lecteur ; tels sont, par exemple, les cours d'eau qui occupent naturellement le fond des vallées, les habitations, qui deviennent moins nombreuses à mesure qu'on s'élève, etc.

85. Lignes de faîtes ou de partage des eaux principales. — Transportons-nous maintenant au bord de la mer, sur le point culminant marqué 310 qui domine les îles, le détroit, le bourg, le village, etc., et dirigeons-nous vers l'est, de telle sorte que nous *passions par les sommets et par les cols en coupant toujours perpendiculairement les courbes de niveau.* Nous suivrons alors la ligne ponctuée désignée sous le nom de *ligne de faîte principale ou de partage des eaux*. C'est une ligne de *faîte*, car elle passe par tous les *sommets* des plus importantes montagnes ; c'est une *ligne de partage des eaux*, car les eaux qui tombent sur cette direction, s'écoulent, se *partagent* en effet à droite et à gauche ; enfin c'est une ligne *principale*, parce que les eaux qu'elles divisent se jettent, soit directement, soit en s'écoulant par leurs affluents, dans des *fleuves différents*. La ligne qui suit du

---

1. On comprendra cette ambiguïté en examinant attentivement l'ancien *cratère* qui a formé l'un des Puys d'Auvergne. Sans la cote 608, qui en indique le fond, on serait porté à croire que les courbes concentriques qui suivent la courbe 700 expriment un *sommet* situé à une hauteur de 780^m environ tandis qu'elles expriment le *fond* d'une cuvette placée à près de 100^m au dessous de cette courbe 700.

sud au nord la crête des côteaux, est aussi une ligne *principale*, car les eaux qui se partagent à gauche se jettent dans la mer, tandis que celles qui s'écoulent à droite vont aboutir aux deux fleuves ; il existe encore une autre ligne principale au nord sur le sommet des *gradins*, mais cette ligne n'est là qu'*amorcée*, que commencée, à cause du terrain qui, de ce côté, n'est pas suffisamment étendu. Enfin, si de même le terrain se poursuivait beaucoup plus loin vers le sud, on trouverait une quatrième ligne principale limitant de ce côté la région qui alimente le grand fleuve.

86. Bassins. — Versants. — Toute cette région, dont les eaux tombent dans le même fleuve, et qui est limitée par des lignes de faîtes principales, prend le nom de *bassin* du fleuve et celui-ci la divise naturellement en deux parties dont chacune est désignée sous le nom de *versant*.

Toute ligne de partage principale est la limite de deux versants appartenant à la *même* chaîne de montagnes, collines ou plateaux ; un fleuve est aussi une limite de deux versants, mais ceux-ci appartiennent à deux chaînes *différentes*.

87. Lignes de faîtes secondaires. — Les lignes de partage *secondaires* jouissent, par rapport aux rivières, des mêmes propriétés dont les premières jouissent par rapport aux fleuves ; ainsi, comme les premières elles passent par les sommets et les cols, elles coupent perpendiculairement les courbes de niveau, elles limitent le *bassin des rivières*, elles déterminent deux versants, etc. Telle est, par exemple, la ligne qui part du plateau imperméable pour descendre d'un côté vers le lac et de l'autre vers le fleuve.

88. Vallées. — Les fleuves et les rivières coulent naturellement au fond des bassins, et l'on donne le nom de *vallée* à la partie du sol, sensiblement horizontale, située à droite et à gauche du cours d'eau jusqu'au *pied* du versant. La partie du versant dominant immédiatement la vallée prend quelquefois le nom de *flanc* de la vallée. Ainsi, par exemple, la vallée du Grand Fleuve, qui s'étend vers le sud au delà de notre relief, se termine assez brusquement, vers le nord, au pied du contrefort des Vosges. La vallée de la Rivière est très-étroite et ses *deux flancs*, formés par les dernières pentes des Vosges et des Pyrénées, sont très-rapprochées.

89. Vallées longitudinales. — Les vallées sont plus ou moins *larges* suivant que le sol horizontal s'étend plus ou moins ; elles sont *longitudinales* lorsqu'elles suivent une direction à peu près parallèle aux lignes de faîtes principales, comme les vallées de la plupart des fleuves, par exemple.

90. Vallées transversales. — Elles sont *transversales* lorsqu'elles se rapprochent de la direction perpendiculaire comme les vallées d'un grand nombre de rivières. Notre Fleuve est dans une vallée longitudinale et notre Rivière est dans une vallée transversale.

91. Vallons et gorges. — Enfin les ruisseaux ou torrents qui se jettent dans les rivières coulent au fond des *gorges* ou *vallons* suivant que les flancs sont plus ou moins rapprochés et plus ou moins escarpés. On peut en remarquer plusieurs descendant des Pyrénées.

92. Formes des courbes dans les vallées. — Souvent, au fond des vallées, les courbes de niveau, après avoir suivi pendant quelque temps, sur un versant, une direction sensiblement parallèle au cours d'eau, se retournent brusquement et traversent celui-ci pour aller suivre sur le versant opposé une direction analogue à la première ; c'est ce qu'on peut remarquer dans la vallée parallèle à la mer où se trouve le village et ce qui sera rendu plus sensible encore par la figure 19.

Dans ce cas, les courbes figurent une forme opposée au

dos d'âne (§ 82), car si l'on remonte le cours de l'eau, c'est-à-dire si l'on va d'une courbe plus basse à une courbe plus élevée, elles présentent leur *concavité*, tandis que si on descend la rivière, c'est la *convexité* qui apparaît.

On peut remarquer aussi, en plusieurs endroits de notre relief, que cette série de courbes, en remontant, aboutit à un *col* (§ 89) ; c'est là en effet que les rivières prennent souvent leur source.

93. THALWEGS OU LIGNES DE RÉUNION DES EAUX. — Enfin la ligne marquée le plus souvent par un cours d'eau *et qui*

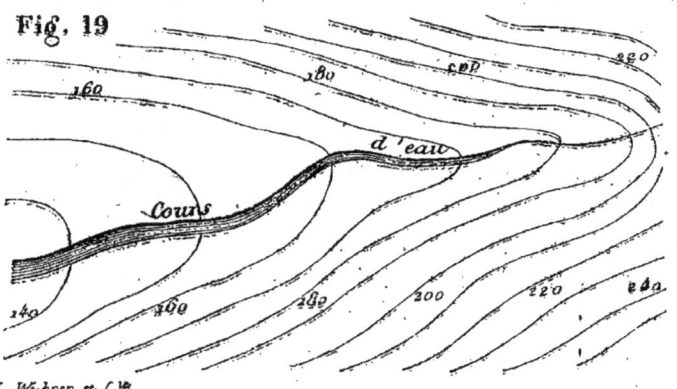

Forme des Courbes dans les vallées

coupe chaque courbe perpendiculairement en suivant toujours la partie du sol la plus basse prend le nom de *thalweg*, mot allemand qui signifie *chemin de la vallée*. Conséquemment, le *thalweg* ou *ligne de réunion des eaux* est le contraire de la *ligne de faîte* ou de *partage des eaux*, puisque cette dernière suit les sommets ; mais elles ont de commun la manière dont elles traversent les courbes, car toutes deux les coupent à angle droit. Notre fleuve, notre rivière suivent des lignes de thalweg, lignes que l'on trouve encore au pied du mont Blanc, au bas des *gradins*, etc.

94. LIGNES DE PLUS GRANDE PENTE. — La propriété de

couper toutes les courbes à angle droit appartient d'ailleurs à toute une série de lignes importantes qui prennent le nom de *lignes de plus grande pente*, ainsi nommées parce qu'elles suivent, entre chaque courbe, le chemin dont la pente est la plus grande, et qui est en même temps le chemin le plus court. On dit généralement que la ligne de plus grande pente *est le chemin que suivrait une goutte d'eau ou un corps quelconque roulant sur le sol*, bien qu'en réalité, à cause de la vitesse acquise, le chemin serait différent. Telle est la ligne descendant du cratère au fleuve. Nous verrons plus bas (103) que les *hachures* sont des lignes dirigées en chaque point dans le sens de la plus grande pente.

95. PLATEAUX. — Certaines formes particulières, de même que les lignes, prennent des noms particuliers connus en topographie et en géographie, que nous allons rappeler. Nous citerons par exemple les *plateaux*, étendues plus ou moins grandes, élevées, mais à peu près horizontales et conséquemment marquées par très peu de courbes, comme la forme qui occupe à peu près le milieu de notre relief à droite du col ; tels sont, par exemple, le plateau de Langres, et, dans des proportions beaucoup plus modestes, les plateaux d'Avron et de Châtillon, devenus célèbres depuis le siége de Paris.

Les plateaux sont *perméables* ou *imperméables* suivant que la nature des terrains permet aux eaux de s'infiltrer ou les oblige à glisser à la surface. Dans ce dernier cas, le sol est souvent *raviné* en tous sens par les eaux, qui ne trouvent pas de pentes suffisantes pour un rapide écoulement.

96. BALLONS. — Les *ballons*, caractérisés par la forme circulaire ou ellipsoïde, si fréquents dans les Vosges, et dont les sommets sont plus facilement accessibles que les flancs

97. Puys. — Les *puys*, sorte de cônes tronqués avec une concavité existant souvent à leur sommet, comme on en rencontre dans les volcans éteints d'Auvergne et comme nous en avons figuré au milieu de notre relief, à gauche du col principal.

98. Cirques. — Les *cirques*, fonds d'immenses cuvettes plus ou moins échancrées, limitées de tous côtés par des hauteurs dont elles reçoivent les eaux. On en rencontre beaucoup dans les Pyrénées. Le sol de Paris et de sa banlieue peut lui-même être considéré comme un vaste cirque dont les bords étaient occupés par les Prussiens. On aura une idée d'un petit cirque en regardant celui qui domine le canal, très-près du bord du plâtre et de la carte, à droite. La partie où se trouve la gare du canal, limitée par les escarpements des carrières, le contrefort des Pyrénées, celui des Vosges et la ville du deuxième ordre peut-être considéré comme un grand cirque à plusieurs débouchés. Enfin le fond de la région où se trouve l'*étang*, près du Bourg, est aussi un cirque dont les bords sont moins accentués.

99. Aiguilles. — Les *aiguilles*, ainsi nommées à cause de leurs formes en pointes, qui doivent leur origine à la nature de certaines roches et qu'on trouve si fréquemment dans la région des hautes Alpes, comme celles que nous avons figurées au mont Blanc par exemple.

100. Pics et Arêtes. — Les *pics*, cônes très-allongés comme on en trouve dans les Pyrénées. Les *arêtes*, semblables à l'épine dorsale de certains poissons, comme sont les montagnes du Jura et celles des Alpes dauphinoises dont nous avons figuré un fragment.

101. Glaciers. — Neiges perpétuelles. — Moraines. — Nous donnons aussi, dans la partie de notre relief qui représente quelques aiguilles du mont Blanc, un exemple de *glaciers*, vastes espaces couverts de glaces qui ne fondent jamais, d'une pente relativement douce, resserrés entre d'immenses rochers ; ils sont dominés par des *neiges perpétuelles* et arrêtés au pied par des *moraines*, espèces de bourrelets formés des détritus qui glissent continuellement sur la glace.

102. Conclusion de l'étude précédente. — En résumant ce que nous avons dit sur le figuré par courbes de niveau, on reconnaîtra facilement la vérité de ces deux principes que nous avions déjà fait ressortir sur les corps géométriques.

1° *L'écartement des courbes indique la valeur des pentes, lesquelles sont plus ou moins rapides selon que les lignes sont plus ou moins rapprochées.*

2° *La forme des courbes indique la nature des formes du terrain.*

Conséquemment, une carte par courbes de niveau *équidistantes* donne une image véritablement géométrique du terrain à l'aide de laquelle, par exemple, l'ingénieur peut résoudre exactement tous les problèmes de tracé et de construction de routes, et le stratégiste peut choisir le point le plus favorable pour y établir une fortification.

CHAPITRE IV.

Figuré du relief (Suite). **Hachures. Équidistance graphique. Coupes et élévations. Remarques diverses.**

103. Hachures. — Nous avons vu dans le chapitre précédent qu'une carte par courbes définit géométriquement le terrain ; cependant on a pensé qu'il était possible de donner aux formes, sinon plus de précision, du moins plus d'expression, en d'autres termes qu'on pouvait rendre le dessin plus *frappant* pour les yeux. Dans ce but on remplit l'intervalle compris entre les courbes par des *lignes de plus grande pente*, (§ 94) qui prennent le nom de *hachures*.

C'est ainsi que nous avons traité les abords de notre plateau; seulement, sur les cartes, les courbes disparaissent comme on peut le voir sur la partie de la carte représentant les Vosges, les Pyrénées et le Jura, mais on en peut toujours retrouver la trace parce qu'on a soin, quand on passe d'une zone à une autre, d'interrompre les hachures et de ne pas les graver exactement en prolongement les unes des autres.

104. Loi de l'écartement et de la grosseur des hachures. — *Les hachures sont écartées du quart de leur longueur et sont d'autant plus grosses qu'elles sont plus courtes, ce qui revient à dire qu'elles sont d'autant plus rapprochées et plus fortes que les courbes sont moins écartées, en d'autres termes que la pente est plus rapide.* Dans un grand nombre de cas elles sont sensiblement droites, mais quelquefois elles sont légèrement courbes afin d'être toujours, suivant leur définition, *normales* ou *perpendiculaires* aux courbes de niveau.

105. Éclairage des cartes. — Outre la loi d'espacement et de grosseur, on observe encore, dans le figuré par hachure, certaines règles basées sur l'*éclairage* du terrain, c'est-à-dire sur l'effet produit par la lumière du soleil. Dans ce cas, deux systèmes principaux sont employés : le système de la *lumière oblique* et celui de la *lumière verticale*.

106. Lumière oblique. — Dans le premier système, on suppose le terrain éclairé obliquement de gauche à droite et on dégrade les hachures en conséquence, les forçant davantage du côté de l'ombre, les traçant moins noires au contraire du côté de la lumière.

C'est dans ce système, qui parle plus aux yeux, mais

qui est moins géométrique peut-être que l'autre, que les hachures de notre carte ont été gravées, à l'exception du massif des Pyrénées pour lequel on a observé le système de la lumière verticale.

107. Lumière verticale ou zénithale. — Dans ce second système, on imagine le terrain éclairé verticalement, et le *ton* des hachures est alors basé principalement sur ce principe que *toute zone d'égale pente doit être de même intensité partout,* combiné avec cet autre que *les surfaces sont d'autant plus éclairées qu'elles sont moins inclinées.*

108. Figuré au pinceau. — Quelquefois, pour donner encore plus de relief au terrain, on pose sur les hachures, à l'estompe ou au pinceau, des teintes plus ou moins dégradées suivant l'un des deux systèmes et l'on obtient alors des effets saisissants, surtout lorsqu'on tient compte de certaines règles de perspective aérienne qu'il est inutile d'énumérer ici.

109. Figuré par des courbes très-rapprochées. — Enfin le relief s'obtient encore fortement en employant, au lieu de hachures, des courbes extrêmement rapprochées, plus ou moins grossies d'ailleurs suivant le système de la lumière oblique ou celui de la lumière verticale; mais ce moyen a été jusqu'à présent peu souvent mis en pratique à cause des difficultés et de la longueur de la gravure.

110. Avantages et inconvénients des hachures. — Par l'exposé sommaire du tracé des hachures que nous venons de faire, on voit que ces lignes ne viennent en aucune façon ajouter à la précision donnée par les courbes de niveau ; leur seule utilité, qui consiste à mieux accentuer le modelé du terrain, est même inférieure, pour certains auteurs, à l'inconvénient qu'elles ont de charger beaucoup la carte et de rendre plus difficile la lecture de la planimétrie, surtout dans les pays de montagnes ; ces mêmes auteurs ne manquent pas d'opposer la belle carte cantonale de la Suisse, gravée avec les courbes seulement, à notre carte de l'État-major, sur laquelle les hachures sont partout figurées. Pour nous, il est évident qu'à première vue les hachures parlent davantage et qu'elles sont préférables pour le voyageur et l'officier qui n'ont le plus souvent qu'à jeter un coup d'œil rapide sur la carte ; mais il est non moins évident que l'ingénieur ou le savant, qui ont besoin pour leurs travaux d'une étude plus approfondie, préféreront la carte par courbes.

111. Équidistance réduite ou graphique. — Enfin nous terminerons tout ce qui a trait au figuré du terrain en exposant le principe de *l'équidistance graphique*, qui rend si facile la comparaison des pentes sur des cartes d'échelles différentes.

Pour bien comprendre ce principe, que nous allons énoncer tout à l'heure, soit une ligne droite A B du terrain (fig. 20) dont l'une des extrémités, A, est à 80^m au dessus du niveau de la mer et l'autre B à 160^m au dessus de ce même niveau ; il y aura entre ces deux points une différence de niveau de 80^m. Supposons que la ligne AB soit projetée en *ab* sur une carte au $\frac{1}{10.000}$ et que cette projection ait, sur la carte, une longueur de 64 millimètres correspondant à 640 mètres sur le terrain ; enfin, admettons qu'une courbe de niveau passant par le point *a* et une autre par le point *b*, on en intercale 15 autres de 5^m en 5^m de hauteur ; la pente de la ligne AB sera alors figurée parfaitement par les 17 courbes 80, 85, 90..., 150, 155, 160, espacées chacune de 4 millimètres sur la carte, et, à l'échelle du $\frac{1}{10.000}$, la hauteur verticale de 5^m ou *l'équidistance des courbes* (70) sera représentée par *un demi-millimètre*.

Supposons maintenant que cette même droite *ab* soit

rapportée non plus au $\frac{1}{10.000}$, mais au $\frac{1}{20.000}$, elle aura sur la carte une longueur de 32 millimètres (fig. 21); or si nous conservons encore les courbes intercalaires, l'espace entre chacune d'elles ne sera plus que de deux millimètres, c'est-à-dire que les courbes seront *deux fois*

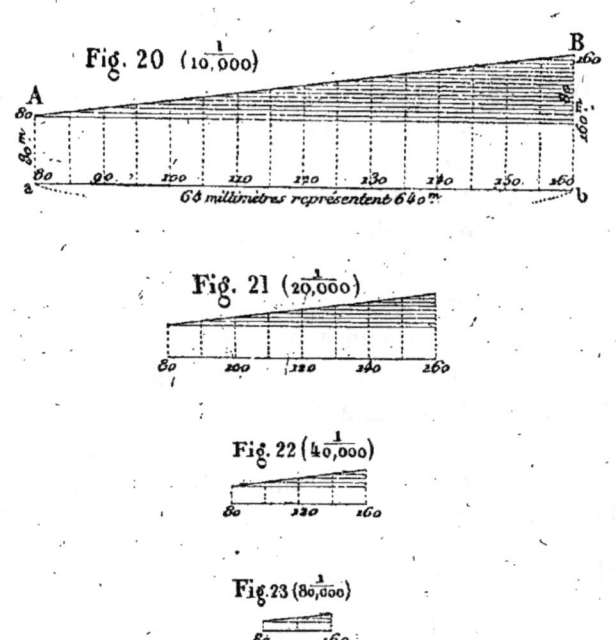

Rapport entre l'Equidistance graphique et le nombre des courbes

plus rapprochées que les précédentes, et à l'inspection comparée des deux figures, on *pourra croire que dans l'une la pente est deux fois plus grande que dans l'autre* (104); mais si au lieu d'intercaler les courbes de 5^m en 5^m on ne les intercale plus que de 10^m en 10^m, en d'autres termes si l'on suppose l'équidistance des courbes de 10^m au lieu de 5^m, on n'aura plus que 9 courbes, marquées 80, 90, 100,

110...... 140, 150, 160, dont l'espacement sur la carte au $\frac{1}{20.000}$ sera de 4 millimètres comme au $\frac{1}{10.000}$; de plus, l'équidistance qui est maintenant de 10^m au lieu de 5^m sera représentée, à l'échelle du $\frac{1}{20.000}$, par *un demi-millimètre* comme l'était celle de 5^m au $\frac{1}{10.000}$.

En poursuivant notre hypothèse, rapportons notre même droite AB au $\frac{1}{40.000}$ (fig. 22), en diminuant le nombre de courbes de telle sorte que leur espacement sur la carte soit toujours de 4^{mm} ; chacune des cinq courbes qui resteront seront cotées 80, 100, 120, 140, 160, et l'équidistance, égale dans ce cas à 20^m, sera toujours représentée au $\frac{1}{40.000}$ par *un demi-millimètre* ; enfin, au $\frac{1}{80.000}$ (fig. 23), pour que l'écartement des courbes soit toujours le même que précédemment, on supprimera encore deux courbes et les trois qui resteront seront cotées 80, 120, 160, c'est-à-dire que l'équidistance des courbes sera de 40^m qui, au $\frac{1}{80.000}$ sera figurée toujours par *un demi-millimètre en hauteur*.

De ce qui précède, il résulte évidemment que, *pour qu'une même pente, sur des cartes d'échelles différentes, soit représentée par des courbes également écartées, il faut que l'équidistance des courbes soit choisie de telle sorte qu'elle donne toujours la même hauteur graphique, quelles que soient ces échelles.* C'est cette hauteur, constante pour toutes les échelles, qui prend le nom d'*équidistance graphique* qu'il ne faut pas confondre avec l'*équidistance des courbes* (§ 70), laquelle doit nécessairement varier suivant les échelles. On a vu en effet dans les exemples précédents qu'en admettant *un demi-millimètre* pour l'équidistance graphique, l'équidistance ou écartement des courbes, *sur le terrain*, doit être égale, au $\frac{1}{10.000}$, à ce que représente *un demi-millimètre*, c'est-à-dire à 5^m; au $\frac{1}{20.000}$, un demi-millimètre, représente 10^m, ce sera l'équidistance des courbes ; au $\frac{1}{40.000}$, ce sera 20^m, au $\frac{1}{80.000}$, ce sera 40^m, au $\frac{1}{320.000}$ ce sera 160^m, au $\frac{1}{500.000}$ ce sera 250^m, etc.

112. ÉQUIDISTANCE GRAPHIQUE DE LA CARTE DE L'ÉTAT-MAJOR ; — DE NOTRE CARTE. — Plus l'*équidistance graphique* sera petite, plus les courbes seront rapprochées et conséquemment plus le figuré sera sensible. Pour la carte de l'État-major on a adopté $\frac{1}{4}$ de millimètre ce qui, au $\frac{1}{40.000}$, correspond à une *équidistance des courbes* égale à 20^m; sur notre relief, pour ne pas trop multiplier les courbes afin de rendre la planimétrie plus claire, nous avons pris *un millimètre*, d'où il résulte que *nos pentes, comme ton, ont une intensité quatre fois moindre que les pentes correspondantes de la carte de l'État-major.*

113. DIAPASON DES HACHURES. — Étant donnée l'équidistance graphique d'une carte, il est facile, pour rendre plus commode le dessin des hachures et l'interprétation des pentes, de construire ce qu'on *appelle un diapason*.

Il suffit pour cela de calculer, de degré en degré, par exemple, l'écartement des courbes dans l'hypothèse de cette équidistance graphique, et de tracer plusieurs hachures d'une longueur égale à cet écartement en observant bien entendu entre chacune d'elle une distance égale au $\frac{1}{4}$ de leur longueur et une grosseur inversement proportionnelle à cette distance.

114. Profil. — On trouve quelquefois sur certaines cartes des *coupes* ou *profils* et des *élévations* du terrain. On appel *profil* la ligne plus ou moins sinueuse qui résulte d'une section faite dans un terrain par un plan vertical. Supposons par exemple que notre plâtre soit scié verticalement suivant la ligne AB, tracée sur la carte, le contour du terrain en cet endroit sera alors représenté par la figure sinueuse AEFB qui est figurée plus bas (fig. 24)[1]; en regardant les quatre faces verticales du relief, on aura quatre profils différents.

115. Coupe. — Le nom de *coupe* est spécialement réservé pour le cas où l'on figure, outre la ligne du sol extérieur, certaines autres lignes du sous-sol indiquant par exemple les différentes couches du terrain, comme on le fait en géologie, et comme on pourrait le pratiquer sur les côtés de notre relief.

116. Élévation. — L'*élévation* est une *projection verticale* du terrain, comme la carte en est la *projection horizontale*. Pour se faire une idée de l'élévation, supposons un plan vertical placé sur la face latérale du relief, à l'est, et imaginons que de tous les points *visibles* [2] du sol on abaisse des perpendiculaires sur ce plan, — lesquelles seront naturellement parallèles au plan horizontal et conséquemment horizontales elles-mêmes, — les pieds de ces

---

1. La fig. 24, dont la fig. 24 *bis* est une réduction, se trouve sur notre carte, ainsi que la fig. 25.
2. On conçoit que les hauteurs en avant cacheront tous les points plus bas situés en arrière des premières ; dans ce cas tous ces points cachés ne figureront pas sur l'élévation. C'est ainsi, par exemple, que le col principal de notre relief ne figure pas sur l'élévation latérale parce qu'il est caché par les puys. Si toutefois il y avait utilité à indiquer certaines lignes cachées, on les tracerait en ponctué.

lignes projetantes, joints par des traits continus, convenablement tracés, détermineront les contours apparents du terrain (fig. 24 *bis*) et (fig. 25). On voit qu'il y a une différence sensible entre l'élévation d'un terrain et la *perspective*, puisque dans cette dernière les lignes projetantes, au lieu d'être perpendiculaires au plan du tableau, et conséquemment parallèles entre elles, vont toutes concourir en un même point situé en avant de ce tableau.

117. REMARQUES ET OBSERVATIONS PARTICULIÈRES. — Telles sont, croyons-nous, les règles et conventions qu'il suffit de connaître pour arriver vite à la lecture des cartes

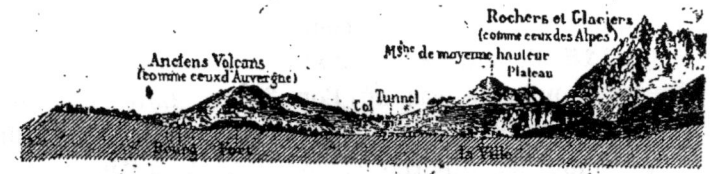

Fig. 24 *bis*. Réduction, au $\frac{1}{6}$ environ, de l'élévation principale du relief.

topographiques, surtout si ces notions sont étudiées en comparant souvent la carte et le relief ; on y pourrait joindre encore bien des remarques et des observations, mais comme elles se présenteront en quelque sorte d'elles-mêmes, dans cette étude comparée, nous nous bornerons aux suivantes qui termineront ce chapitre.

118. COTES ISOLÉES. — Les courbes ou hachures ne dispensent pas d'écrire les *cotes* ou *altitudes* des points remarquables, tels que *sommets*, *cols*, intersection de routes, changement de pente, etc.

119. GROSSEUR DES HACHURES AU COMMENCEMENT ET A LA FIN D'UN MOUVEMENT DE TERRAIN. — Les hachures qui commencent et celles qui terminent un mouvement de terrain sont effilées pour que la transition du blanc au noir sont moins brusque, à moins toutefois que ce mouvement ne commence ou ne finisse par une arête bien prononcée. Telles sont les hachures partant du plateau perméable et celles qui sont au pied du même plateau.

120. Hachures des talus. — Dans les talus, les hachures ont presque toujours la forme de points d'exclamation, ou de coins allongés, partant de la crête pour s'éteindre au pied ; on reconnaîtra par conséquent un déblai d'un remblai, car dans le premier cas, les pointes des hachures se regardent, tandis que dans le second, c'est le contraire qui a lieu (voir le dessin des signes conventionnels au bas de la carte, fig. 9, ou à la fin de cet ouvrage.). Il est bon de faire remarquer aussi que, généralement, ces sortes de hachures ne suivent pas la même loi que celles qui sont employées dans le figuré du terrain ; leur longueur n'est pas limitée par des courbes de niveau équidistantes, mais bien par la largeur plus ou moins grande du talus, laquelle correspond d'ailleurs à un déblai ou à un remblai plus ou moins considérables.

121. Indication des déblais et des remblais sans talus. — Lorsque, sur une voie ferrée ou autre, un talus n'est pas indiqué, il n'en faut pas toujours conclure que la voie est *à niveau* ; elle peut être aussi en déblai ou en remblai, mais alors les talus sont remplacés par une construction en maçonnerie sensiblement verticale telle qu'un mur de *soutènement* ou un *viaduc*, comme on en voit de nombreux exemples sur le chemin de fer de ceinture à Paris ; dans ce cas, il est rare que la carte ne donne pas d'indice certain d'un pareil genre de constructions qui sont d'ailleurs indiquées, quand la carte le permet, par deux traits ou un seul gros trait, parallèles à la voie (voir le viaduc traversant un vallon des Vosges).

122. Interruption ou changement de direction des courbes. — Dans les cartes, en traversant les ouvrages des hommes, tels que routes, chemins de fer, villes et villages ainsi que les masses rocheuses, les courbes ou les hachures sont interrompues ou, si l'échelle permet de les conserver, elles changent presque toujours brusquement de forme et de direction, par suite de modifications apportées au sol primitif ; mais au delà des ouvrages la forme générale de la courbe se retrouve le plus souvent ainsi qu'on peut le voir dans la figure 26 et, sur notre carte, au passage de la route et sur le col principal situé au dessus du tunnel.

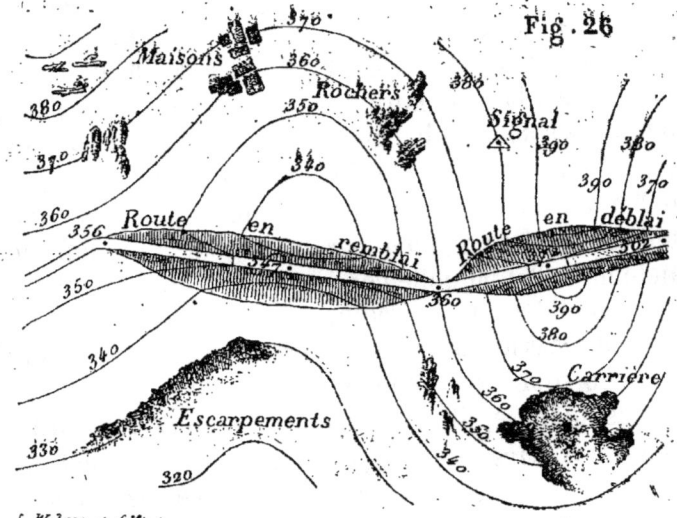

Modifications des Courbes à travers les accidents superficiels

123. DIRECTION DES ROUTES PAR RAPPORT A CELLE DES COURBES. — Les routes *horizontales* sont parallèles aux courbes ou perpendiculaires aux hachures ; les routes dont la pente est *maximum*, c'est-à-dire la plus grande possible, sont perpendiculaires aux courbes ou parallèles aux hachures, en d'autres termes elles suivent les lignes de plus grande pente ; entre deux points donnés, les pentes d'une route seront d'autant plus faibles que cette route coupera les courbes sous un angle plus aigu.

Il va sans dire que ce qui précède n'est rigoureusement exact que pour les routes *affleurant* le sol, les remblais et déblais ayant précisément pour objet d'éviter les nombreuses sinuosités que l'on serait généralement obligé de faire pour marcher suivant une pente donnée dans les terrains accidentés. (Suivre les routes sur le relief et sur la carte ; notamment le route de 1re classe.)

124. Chemin d'un point a un autre. — Pour aller d'un point à un autre, le géomètre mesure habituellement la distance par la ligne droite, mais pour l'ingénieur, l'officier ou le voyageur, le tracé du chemin à parcourir est beaucoup moins simple, car il faut tenir compte des pentes à gravir, des obstacles à franchir, de la nature et du poids des véhicules qui devront suivre la route, etc., etc.

CHAPITRE V.

Levés topographiques. Constructions des reliefs.

125. But de ce chapitre. — Nous n'avons pas la prétention, dans ce chapitre, d'enseigner complétement l'art des levés, car cet art, quoique simple, exige des développements qui sortiraient de notre cadre ; nous ne prétendons pas non plus entrer dans tous les détails de la construction des reliefs ; nous nous bornerons seulement 1° à *donner une idée générale des opérations topographiques et quelques notions simples et pratiques à l'aide desquelles on pourrait compléter, rectifier une carte et construire au besoin, à petite échelle, le simple croquis d'un itinéraire ou d'un terrain peu étendu ; 2° à indiquer les procédés principaux mis en usage pour la sculpture ou le modelé des formes du terrain.* Quant à ceux qui voudraient des détails plus complets, nous les renvoyons, pour les opérations topographiques, aux ouvrages spéciaux qui ne manquent pas et, pour la *plastique*, à l'expérience que la pratique leur donnera, car sur ce sujet les traités sont encore à faire.

§ 1ᵉʳ.

126. Triangulation. — Pour *lever le plan* ou *dresser la carte* d'un terrain d'une certaine étendue, on commence par déterminer un certain nombre de points bien apparents qui, reliés par des lignes droites, servent à établir une sorte de réseau entre les mailles duquel on place ensuite tous les détails. Ces lignes forment entre elles un assemblage de triangles plus ou moins nombreux disposés comme ceux de la figure 27 ; de là le nom de *triangulation*, donné à cette première partie du levé topographique.

127. Choix des points. — Les points sont le plus souvent des clochers, des tours, des arbres isolés, et, quelquefois, des bornes ou des pyramides en pierres ou en bois que l'on place dans des endroits convenablement choisis.

128. Observation des angles. — Mesurage des bases. — Lorsque tous les points sont établis et reconnus, on se transporte successivement sur ceux qui sont accessibles et, à l'aide d'instruments spéciaux nommés *théodolites*, on mesure les angles *horizontaux* formés par les rayons visuels dirigés sur tous les points visibles ; on mesure également les angles *verticaux* ou *zénithaux* formés par ces rayons visuels avec la *verticale* passant par le point où l'on est *en station* ; enfin on mesure *horizontalement*, avec une grande précision, au commencement, à la fin et vers le milieu du réseau, plusieurs côtés de triangles qui prennent le nom de *bases*.

129. Calcul et rapport de la triangulation. — Lorsqu'on possède les éléments dont nous venons de parler, c'est-à-dire les angles des triangles et plusieurs côtés, on obtient le reste par le calcul en s'appuyant sur certaines formules trigonométriques que nous ne pouvons donner ici ; on calcule également la position de chaque point par rapport à deux axes perpendiculaires dirigés suivant les quatre points cardinaux et, construisant ensuite sur le papier ces deux axes, on rapporte tous les points à leurs distances respectives de ces deux droites en employant une échelle donnée.

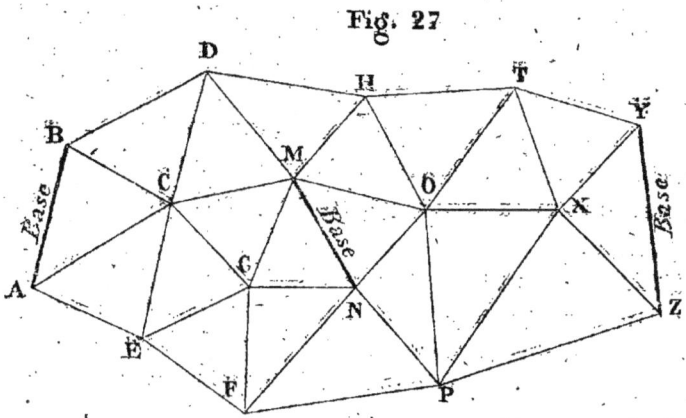

Fig. 27

Opérations d'ensemble — Triangulation

130. Construction graphique des triangles. — On peut aussi tracer toutes les lignes de la triangulation sans le secours de la trigonométrie, car on sait que la géométrie donne le moyen de construire un triangle lorsqu'on connaît trois de ses éléments et que dans ces trois éléments il entre au moins un côté ; or, il en est ainsi avec les données du terrain. On peut commencer en effet par construire sur le papier à une échelle donnée l'un des triangles dont la *base* est connue ainsi que les angles, le triangle ABC, par exemple (fig. 27), ensuite on s'appuie sur le côté BC pour construire le triangle BCD et sur le côté AC pour construire le triangle ACE. On arrive ainsi, de proche en proche, jusqu'aux triangles MNO et XYZ, dont les bases, mesurées sur le terrain, permettent des vérifications.

Ce moyen, plus pratique que le précédent, ne présente pas la même précision, mais il est généralement suffisant lorsque les triangles sont peu nombreux et qu'ils se rapprochent de la forme équilatérale, condition à laquelle il faut d'abord songer quand on fait le choix des points trigonométriques.

131. USAGE DES ANGLES ZÉNITHAUX. — Quant aux angles zénithaux (§ 128), ils permettent d'obtenir, par le calcul, l'altitude des points, altitude dont on partira ensuite pour obtenir celle de tous les points intermédiaires et pour figurer les mouvements du terrain par des courbes de niveau.

132. PLANIMÉTRIE DES DÉTAILS. — Lorsqu'on a couvert le terrain par un réseau de triangles suffisamment serré, on rattache tous les détails aux lignes de ce réseau à peu près comme on appuie toutes les cloisons, tous les ornements d'un édifice aux murs principaux construits suivant ses principales directions ou bien encore comme les détails d'une charpente ou d'une machine se relient aux pièces importantes.

Et comme les détails, tels que routes et chemins, limites des bois et des cultures, sinuosités des cours d'eau, etc., sont toujours représentés par les *lignes* de leurs contours et que les lignes sont toujours déterminées par un certain nombre de *points*, le levé des détails ne sera que la répétition plus ou moins multipliée *du levé d'un point par rapport à une ligne de triangulation*.

Soit donc un point *m* (fig. 28) situé dans le voisinage d'une ligne trigonométrique AB et qu'il s'agit de rattacher à cette ligne. On abaissera, à l'aide d'un instrument ou *approximativement* suivant l'importance du point, une perpendiculaire *mp*, puis on mesurera les distances A*p* et *pm* qui fixeront le point. Ou bien encore on mesurera des points A et B ou de tous autres points *r* et *s* déterminés sur la ligne AB, les angles formés par cette ligne et par les rayons visuels dirigés sur le point *m*, lequel sera alors fixé par le triangle AB*m* dont on connaîtra un côté AB et deux angles A et B ou par le triangle *rsm* déterminé par le côté *rs* et les angles *r* et *s*. Ou bien enfin, au lieu de mesurer les angles A et B ou *r* et *s*, on mesurera les côtés A*m* et B*m* ou *rm* et *sm* et, dans ce cas, le point *m* sera fixé à l'aide d'un triangle dont les trois côtés seront connus.

On fixera tous les autres points d'une manière analogue en ayant soin de les rattacher à des *lignes auxiliaires* lorsqu'ils seront trop loin des lignes trigonométriques, mais dans ce cas on commencera par rattacher ces lignes auxiliaires en appuyant leurs extrémités sur les lignes de triangulation. Soit par exemple à lever les points *a, b, c, d, e, f, g*, (fig. 29), d'une courbe trop éloignée des côtés d'un triangle ABC. On tracera une ligne auxiliaire DE fixée par ses extrémités sur les côtés AB et AC, et cette ligne servira à rattacher tous les points de la courbe.

On lèverait de même tout autre ligne *h, i, d, j, k* à l'aide d'une droite FG que, pour abréger, l'on choisirait, par exemple, en prolongeant *i j* si le terrain le permettait.

133. Rapports des détails sur la carte. — Lorsque tous les points du sol seront ainsi levés par des longueurs et des angles soigneusement inscrits sur un *croquis visuel*, on les rapportera sur le papier, qui comprend déjà les lignes de la triangulation, en s'appuyant toujours sur la construction des triangles, et ces points seront joints ensuite par des traits continus suivant les indications données par le croquis, puis on *passera au trait* en observant les *signes conventionnels* que nous avons énumérés au deuxième chapitre.

Si l'on a opéré à l'aide de la *planchette*, on n'aura rien à rapporter au cabinet, car cet instrument permet de faire à la fois le levé et le rapport sur le terrain même ; il ne restera qu'à *passer au trait* et à figurer les détails d'après les signes conventionnels.

134. Levé et rapport des courbes de niveau. — Deux moyens principaux sont mis en usage pour déterminer l'altitude des points du sol et, par suite, les courbes de niveau, comme nous le verrons tout-à-l'heure. Dans le premier moyen, on emploie le *nivellement direct*, c'est-à-dire qu'à l'aide d'un *niveau* et d'une *mire* on cherche immédiatement la cote de chaque point ; dans le second

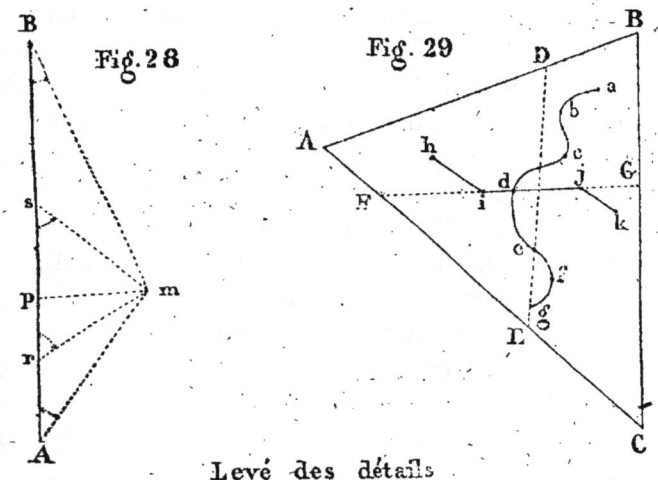

Levé des détails

moyen on se sert des *angles de pentes* ou angles *zénithaux* (123) qui donnent également l'altitude des points, mais en effectuant certains calculs qui sont facilités, d'ailleurs, par des tables spéciales.

Lorsqu'on a, par l'un ou l'autre moyen, fixé l'altitude de tous les points *convenablement choisis*, c'est-à-dire aux changements de pentes, aux sommets, aux limites des plateaux, aux cols, sur les lignes de plus grandes pentes, sur les thalwegs, etc., on calcule de la manière suivante, par une simple proportion, les points de passage des courbes de niveau.

Soient les deux points A et B distants sur la carte de 230^{m}40, le point A ayant une altitude de 183^m,75 et le point B une altitude de 92^{m}18, admettons de plus qu'entre ces deux points la pente soit sensiblement la même, ce qui peut toujours avoir lieu quand les points sont convenablement placés; supposons enfin que les courbes à chercher soient échelonnées de 5^m en 5^m. La courbe la plus basse, située entre les points A et B, passera par le point 95 et le point 180 sera le passage de la courbe la plus haute; or il est évident que ces deux points étant fixés sur la carte, tous les autres le seront également, car il suffira de partager la longueur comprise entre les points 95 et 180, sur AB, en autant de parties égales que 5 sera contenu dans 180—95, c'est-à-dire en 17. Cherchons donc sur AB la position du point 95 et celle du point 180.

Pour le point A, nous poserons la proportion suivante :

La distance totale AB *est à la différence totale de niveau entre* A *et* B *comme la distance* INCONNUE *du point* A *au point* 180 *est à la différence de niveau entre ce même point* A *et le point* 180, en d'autres termes :

$$\frac{230^m 40}{91^m 57} = \frac{x}{3^m 75}$$

$$\text{d'où } x = \frac{230,40 \times 3,75}{91,57} = 9^m 43$$

en posant pareillement la proportion suivante pour avoir la distance x du point 95 au point B coté 92,18, on aura :

$$\frac{230,40}{91,57} = \frac{x}{2,82}$$

d'où $x = 7^m 09$

Après avoir ainsi déterminé les points de passage des courbes entre tous les points isolés du terrain, on joint par une courbe continue tous les points de même altitude en tenant compte de la forme concave ou convexe entre deux points consécutifs, et l'on obtient ainsi toutes les courbes de niveau équidistantes qui serviront ensuite de directrices aux *hachures*, si ces dernières doivent être tracées.

135. Levé d'un itinéraire ou d'une reconnaissance. — Les militaires, les voyageurs et les géographes se bornent souvent à lever la direction de la route qu'ils suivent avec les divers détails qu'ils aperçoivent à droite et à gauche.

Dans ce cas, ils considèrent habituellement comme ligne principale la ligne brisée formée par la route qu'ils parcourent et rattachent par conséquent à cette ligne, par des triangles dont la base s'appuie sur les divers fragments, les points remarquables des environs; ils dessinent ensuite à *vue* par rapport aux lignes auxiliaires que déterminent ces points, les détails offrant un intérêt particulier pour le but qu'ils se proposent.

Dans ces opérations spéciales, dont la précision doit souvent être sacrifiée à la rapidité, les longueurs sont estimées *au pas* ou *au temps* employé à les parcourir ou encore à l'aide d'instruments portatifs très-simples ; les angles sont mesurés *à l'œil* ou à l'aide d'instruments également simplifiés telle qu'une boussole de poche, un rapporteur en papier ou en corne ou par un petit triangle que l'on détermine au sommet de l'angle en portant une certaine longueur sur chacun des côtés et en mesurant ensuite la *diagonale* comprise entre les extrémités de ces deux longueurs.

Quant au *figuré du relief*, il est indiqué soit *à vue* par quelques courbes amorcées à droite et à gauche de la direction suivie, soit par quelques angles de pente pris par exemple avec un *rapporteur* au centre duquel on a fixé un petit *fil à plomb* et dont on dirige le bord rectiligne parallèlement à la pente à mesurer ; l'angle zénithal est alors donné approximativement par l'arc compris entre l'extrémité du bord rectiligne et le fil à plomb, qui reste naturellement dans la position verticale. L'angle étant ainsi connu, on place les altitudes en se servant de tables qui donnent, pour chaque degré d'inclinaison et sur une longueur horizontale de 100^m, la différence de niveau.

136. Rectifier ou compléter une carte. — Lorsqu'on parcourt un terrain avec la carte en main, il est généralement facile de compléter ou de rectifier celle-ci ; il suffit de rattacher les points nouveaux ou erronés à des lignes bien déterminées sur la carte et que l'on reconnaît sur le terrain, en employant l'un des moyens que nous avons sommairement indiqués pour le levé des détails. On trace ensuite habituellement en rouge les parties nouvelles et l'on gratte ou l'on teinte en jaune les parties supprimées.

Si la topographie était vulgarisée dans les écoles, chaque instituteur pourrait de la sorte envoyer chaque année à son préfet, qui la soumettrait au dépôt de la guerre, la carte rectifiée de sa commune, et tous ces renseignements, ainsi centralisés, permettraient de mettre à jour la carte de l'État-major dont les feuilles ne restent pas longtemps l'expression fidèle du terrain, surtout sous le rapport de la planimétrie, par suite des modifications incessantes de la propriété et des voies de communication.

§ II.

137. Utilité de la construction des reliefs. — L'un des moyens de comprendre vite une carte topographique serait assurément de construire le relief du terrain qu'elle représente ; or, comme cette construction offre généralement peu de difficultés, et qu'elle est au contraire un exercice utile et agréable, capable d'intéresser à la fois tous les élèves d'une même classe, nous allons donner en quelques mots une idée des procédés qu'elle met en usage.

138. Construction par gradins. — Les courbes de niveau étant données, directement ou par les solutions de continuité des hachures, on décalque chacune d'elles sur une feuille de papier, de carton ou de bois, d'une *épaisseur égale* à l'équidistance graphique (§ 111), puis on découpe cette feuille suivant la courbe ; on colle ou l'on cloue ensuite, sur une planchette, la feuille découpée *suivant la courbe la plus basse*, puis sur celle-ci on dispose la deuxième courbe comme elle est placée sur la carte (chose facile quand on a eu le soin de calquer, en même temps que la première courbe, quelques lignes de repère communes à celle-ci et à la suivante) ; on place de la même façon la troisième sur la deuxième, puis la quatrième sur la troisième, etc. L'on obtient ainsi une sorte d'escalier dont les marches sont plus ou moins irrégulières dans leurs formes et leurs largeurs, mais toujours rigoureusement d'égale hauteur.

Ce premier travail donne ce qu'on appelle le relief *à gradins, comme notre relief en montre un exemple dans sa partie nord* ; on le complète en remplaçant par une matière molle, telle que la cire mélangée de suif, les vides compris entre les faces des gradins et la surface continue tangente à leurs arêtes ; puis on moule une première fois ce relief original pour en tirer une épreuve en plâtre que l'on retouche plus ou moins artistement en s'inspirant de la carte, de vues photographiques et autres, etc., et qui sert ensuite à faire le moule définitif. Si l'on ne veut point passer par ce moulage intermédiaire, on remplit les gradins avec du plâtre plus ou moins liquide que l'on retouche, quand il est *pris* ou solidifié, à l'aide d'un canif, d'un grattoir ou de certains outils spéciaux.

139. CONSTRUCTION PAR PROFILS. — Lorsque les terrains sont peu accidentés, ou que leur relief présente certaines régularités dans leurs formes, on emploie quelquefois la *méthode des profils*. Ce procédé consiste à construire d'abord, suivant des directions naturellement indiquées par la disposition du sol, plusieurs profils (§ 114) que l'on découpe sur de minces planchettes, lesquelles sont ensuite fixées verticalement sur une base dans des directions identiques aux sections tracées sur la carte ; puis les vides compris entre toutes les planchettes sont remplis par du plâtre ou autrement, jusqu'à ce que la matière vienne affleurer la surface sinueuse déterminée par les courbes de tous les profils ; on a ainsi un relief du sol analogue au précédent et qui s'achève de la même façon.

140. Construction par points. — On obtient un résultat plus prompt, mais le plus souvent moins exact, en marquant sur la planchette, qui sert de base, et qui représente le niveau de la mer, un certain nombre de points de la carte, à la place desquels on enfonce des clous ou de minces chevilles ayant une hauteur égale à l'altitude de ces points. La partie supérieure de tous ces petits repères détermine le passage de la surface du sol, en remplissant tous les interstices comme dans la méthode des profils.

141. Construction par sondes. — Enfin, il existe un autre procédé dont le résultat offre une grande précision quand il est appliqué par une main habile et exercée, mais qui est fort long, surtout lorsque les aspérités sont nombreuses et accentuées ; il consiste à dessiner la carte sur un bloc bien aplani, en plâtre, d'une épaisseur *au moins égale à la plus haute altitude* ; on perce ensuite, en différents points, convenablement choisis, notamment sur les rivières, sur les routes et sur les crêtes des montagnes, un certain nombre de trous, dont la profondeur est égale *à la différence entre l'altitude du plan sur lequel le dessin a été exécuté et celle du point où le trou est percé*, puis on enlève l'excédant du plâtre compris entre la surface supérieure et le fond des différents petits trous de repères. Ce procédé, analogue à celui que les sculpteurs emploient pour l'exécution des bas-reliefs, et qu'ils désignent sous le nom de *mise au point*, est surtout précieux lorsque les formes sont peu accentuées et que l'artiste sait parfaitement interpréter la carte, de même qu'un sculpteur habile sait modeler un buste d'après une peinture bien exécutée.

On pourra s'exercer à mettre ces différents procédés en usage en choisissant tel fragment de notre carte bien déterminé par les courbes et en se rappelant que l'équidistance graphique (111) est de *un millimètre*.

Quant au *moulage* des *maquettes* ainsi obtenues, il faudra, pour l'exécuter, s'adresser aux praticiens ou tout au moins consulter certains ouvrages spéciaux où l'art du mouleur est expliqué.

142. EXÉCUTION D'UN RELIEF SUR UN TERRAIN DONNÉ. — Lorsqu'on veut exécuter le relief donné par une carte sur un terrain d'une certaine étendue, on procède généralement par points (§ 140) et par sondes (§ 141) c'est-à-dire qu'après avoir déterminé sur la carte la position et l'altitude des points principaux situés notamment aux sommets, aux cols, sur les lignes de partage, sur les thalwegs, etc., on place tous ces points sur le terrain dans la même position que celle qu'ils occupent sur la carte et proportionnellement à une échelle donnée ; puis on choisit un plan horizontal de comparaison *moyen* de telle sorte qu'un certain nombre de points se trouvent *au-dessus* et d'autres *au-dessous*, afin que la terre prise pour découvrir ces derniers représente à peu près le volume nécessaire pour atteindre les premiers, en d'autres termes, pour que le *déblai* soit à peu près égal au *remblai*, et après avoir déterminé la *cote* de chacun des points *au-dessus* ou *au-dessous* du plan de comparaison, on enfonce des piquets sur le terrain, où l'on creuse des trous de manière que la partie supérieure des uns ou le fond des autres correspondent aux cotes calculées, opération facile, pour peu qu'on ait acquis la pratique du niveau. On enlève ensuite la masse comprise entre les trous et on la jette entre les piquets saillants jusqu'à ce qu'on ait atteint le sommet de ces derniers ; enfin on arrondit les formes, s'il y a lieu, à la pelle et au rateau, et lorsque les terres se sont affermies, on trace sur ce terrain réduit toutes les lignes remarquables de la topographie ainsi que celles qui seraient nécessaires pour les *levés*. On peut même encore, si le climat et la nature du terrain le permettent, faire de petites plantations en rapport avec l'*altitude* des points et l'*exposition* des pentes.

CHAPITRE VI.

Problèmes divers.

143. ÉVALUER UNE LONGUEUR A L'AIDE DE L'ÉCHELLE A TRANSVERSALE. — Soit à prendre à l'aide de cette échelle (fig. 1, page 23), 1° une longueur égale à un nombre exact d'hectomètres ou de kilomètres; on placera l'une des pointes du compas sur le zéro et l'autre sur la même ligne horizontale au nombre marquant la longueur demandée, à droite ou à gauche du zéro suivant les cas. — 2° Une longueur de centaines et de dizaines, 640 par exemple; on placera la première pointe en m, à l'intersection de la ligne verticale marquée 0 et de la ligne horizontale marquée 40 et la seconde pointe en n, à l'intersection de cette même ligne horizontale avec l'oblique marquée 600. Si la longueur à prendre se composait en outre d'un kilomètre, qu'elle soit par exemple 1640, on laisserait l'une des pointes sur n et l'autre serait placé en p. — 3° Une longueur composée de centaines, de dizaines et d'unités, 487 par exemple. On placera la première pointe au point s, sur la ligne verticale 0, entre les horizontales 80 et 90 et plus près de cette dernière à cause du chiffre 7 et la seconde pointe sera placée, parallèlement aux horizontales, en r, sur l'oblique 400.

En second lieu, si l'on avait à évaluer, à l'aide de cette échelle, la distance de deux points donnés, après avoir pris l'écartement de ces deux points, à l'aide du compas, on promènerait celui-ci parallèlement aux horizontales en plaçant l'une des deux pointes soit sur la verticale 0 soit sur une autre verticale marquée 1000 ou 2000, suivant les cas et jusqu'à ce que l'autre pointe rencontre l'une des obliques ; on lirait ensuite, en tenant compte des nombres correspondant à la position des pointes.

144. ÉVALUER UNE DISTANCE A L'AIDE DU BISEAU. (fig. 2). — Rien de plus simple que l'usage de ces échelles : on place le zéro sur l'une des extrémités de la distance à mesurer, et, après avoir appliqué le biseau dans la direction de cette distance, on n'a plus qu'à voir en quel point de l'échelle se trouve l'autre extrémité ; on compte alors le nombre de divisions comprises depuis le zéro, calcul abrégé d'ailleurs par le numérotage, et, si l'extrémité ne tombe pas exactement sur une division, on estime à l'œil la petite distance qu'il convient d'ajouter. Ainsi par exemple, si nous voulons connaître sur notre carte au $\frac{1}{20.000}$, la distance comprise entre le mur du parc situé au premier coude sur la route de première classe, à sa sortie de la ville de premier ordre, et le mur de gauche des dernières maisons de cette route, on placera le zéro du biseau au coin du premier mur et le coin du second mur tombant entre la 8e et la 9e des subdivisions comprises entre la 15e et la 16e centaine, la longueur sera égale à $1500+80+7 = 1587^m$.

145. ÉVALUER UNE DISTANCE A L'AIDE DE LA BANDE DE TAILLEUR (fig. 3). — Soit à mesurer sur notre carte la longueur de la route de première classe que nous avons déjà évaluée précédemment. Nous placerons au coin du mur, extrémité de la distance *à droite*, l'une des divisions de la bande de tailleur, celle marquée 15, de telle sorte que l'autre extrémité *tombe à gauche du zéro* entre les petites subdivisions, c'est-à-dire, pour l'exemple choisi, entre la 8ᵉ et la 9ᵉ, et alors la distance sera égale à 1500+80+7 =1587ᵐ.

146. Chercher l'échelle omise sur une carte. — Il n'est pas toujours possible de trouver exactement l'échelle quand on a eu le tort de ne point l'indiquer, mais on peut souvent s'en faire une idée approximative en mesurant à l'aide du décimètre certaines distances connues. Supposons, par exemple, que deux villes, dont on sait que la distance est de 13 kilomètres 9 environ, soient éloignées de 347 millimètres sur une carte dont l'échelle est inconnue, on fera le raisonnement suivant :

347 millimètres représentent 13900ᵐ.

1 millimètre représentera 347 fois moins, c'est-à-dire $\frac{13.900}{347} = 40^m$ environ ou 40.000 millimètres, on en conclura donc que la carte est à peu près au $\frac{1}{40.000}$.

Sur les cartes géographiques, les lignes, droites ou courbes, tracées pour indiquer la *latitude*, peuvent remplacer l'échelle, car on sait qu'un degré, *en latitude*, correspond à une distance de 111 kilomètres environ. Si donc, par exemple, ces lignes sont tracées de 5 en 5 degrés, leur écartement représentera une distance égale à $111 \times 5 = 555$ kilomètres.

147. Passer d'une échelle a une autre, ou rapport des échelles entre elles. — Lorsqu'on a à comparer des cartes d'échelles différentes, il est nécessaire de se rendre compte du rapport de ces échelles.

Ce rapport s'obtiendra en divisant entre eux les dénominateurs de la fraction qui indique l'échelle. Soit à passer du $\frac{1}{80.000}$ ou $\frac{1}{320.000}$ on divisera 320,000 par 80,000, le résultat 4 indiquera que la seconde carte est à une échelle 4 fois plus petite que la première ; les distances sont par conséquent dans le rapport de 1 à 4, ce qui veut dire qu'une longueur d'un centimètre, par exemple, représentant sur le $\frac{1}{80.000}$, 800^m, représentera, sur le $\frac{1}{320.000}$, 800 × 4 = 3,200^m, ou bien que telle distance du $\frac{1}{80.000}$ sera figurée sur le $\frac{1}{320.000}$ par une longueur 4 fois moindre ; soit encore à passer par exemple du $\frac{1}{40.000}$ au $\frac{1}{100.000}$, le rapport des deux échelles sera $\frac{100.000}{40.000} = \frac{10}{4}$ ou $\frac{5}{2}$; c'est-à-dire que toute longueur qui sur la carte au $\frac{1}{40.000}$ sera représentée par 5, le sera par 2 sur la carte au $\frac{1}{100.000}$; en d'autres termes que le $\frac{1}{40.000}$ est 2 fois $\frac{1}{2}$ plus grand que le $\frac{1}{100.000}$ car $\frac{5}{2} = 2, 5$; soit enfin à comparer le $\frac{1}{80.000}$ et le $\frac{1}{500.000}$ on aura $\frac{500.000}{80.000} = \frac{50}{8} = \frac{25}{4}$ ce qui veut dire qu'une longueur représentée par 25 sur le $\frac{1}{80.000}$ ne le sera plus que par 4 sur le $\frac{1}{500.000}$.

En transformant la fraction $\frac{25}{4}$ en fraction décimale on a $\frac{25}{4} = 6,25$, ce qui indique que le $\frac{1}{80.000}$ est 6 fois 1/4 plus grand que le $\frac{1}{500.000}$.

148. Étant donnée par son rapport une échelle quelconque, calculer ce que vaut un millimètre a cette échelle. — On sait que la fraction qui représente l'échelle a toujours *l'unité* pour numérateur (11), le dénominateur pouvant d'ailleurs être quelconque ; on fait alors le raisonnement suivant : si un mètre donne *tant* (le dénominateur), un millimètre donnera 1000 fois moins ; il faut donc diviser le dénominateur par 1000, et le quotient indiquera en mètres et fractions de mètre ce que représente un millimètre. Soit par exemple l'échelle du $\frac{1}{28800}$; on divisera 28800 par 1000, et le quotient 28,8 indiquera qu'à cette échelle un millimètre représente $28^m,80$. Soit encore

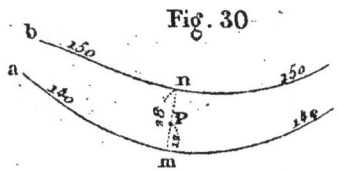

Fig. 30

l'échelle du $\frac{1}{200}$; en divisant 200 par 1000, on trouve qu'un millimètre représente $0^m,20$.

149. Trouver l'équidistance des courbes d'une carte lorsque cette équidistance n'est pas cotée. — Lorsque les courbes d'une carte sont figurées, il est très-rare que leur équidistance ne soit pas cotée, mais quand les courbes sont remplacées par des hachures, il est quelquefois utile de savoir trouver l'équidistance, car alors elle n'est plus toujours indiquée. Pour la déterminer, on prend la différence de hauteur de deux points cotés, lesquels sont généralement assez nombreux, et l'on compte ensuite le nombre de zônes hachées complètes qui se trouvent comprises entre ces deux points ; on divise la différence par ce nombre, et le quotient donne sinon l'équidistance exacte, du moins un chiffre qui s'en rapproche assez et qui permet de la conclure avec d'autant plus de certitude qu'on sait qu'elle n'est presque jamais fractionnaire. Souvent, dans le calcul qui précède, on *arrondit* la cote des deux points choisis en augmentant celle du point inférieur et en diminuant celle du point supérieur, de telle sorte que ces deux cotes se rapprochent davantage de l'altitude de la courbe voisine.

Soit par exemple, à déterminer l'équidistance de notre carte ; après avoir choisi un endroit où les tranches nous permettront facilement de compter les courbes, par exemple entre le glacier du mont Blanc et le pont situé à l'est du lac, nous prendrons le sommet coté 726 et le fond de vallée coté 433 ; nous ramènerons le nombre 726 à 720, cote évidemment plus rapprochée de celle de la courbe voisine, nous remplacerons pareillement la cote 433 par 440 et, faisant la soustraction, nous diviserons la différence 280 par 14, nombre des zônes ; le quotient sera l'équidistance, que nous pourrions d'ailleurs vérifier en choisissant deux autres points.

150. Trouver la cote ou altitude d'un point situé entre deux courbes (fig. 30).

Soit P le point donné et a, b, les deux courbes dont l'une est cotée 140 et l'autre 150. Du point P, on abaissera les perpendiculaires Pm et Pn sur les courbes, et après avoir mesuré à l'échelle les deux distances mn et mP, que nous supposons respectivement égales à 28^m et 12^m, on posera la proportion suivante :

$$\frac{(150 - 140) = 10}{x} = \frac{28}{12},$$

laquelle donnera pour x une valeur égale à 4^{m}29 que l'on ajoutera à la cote inférieure 140, pour obtenir l'altitude 144^{m}29 du point P.

151. L'altitude de deux points étant donnée, trouver la longueur de la droite qui les joint sur le terrain,

AINSI QUE SA PENTE. — On construira un triangle rectangle en prenant pour base la distance *horizontale* des deux points, c'est-à-dire la distance donnée par la carte, et pour hauteur leur différence de niveau ; l'hypothénuse du triangle sera la longueur demandée et la pente de cette droite sera donnée par l'angle qu'elle fait avec la base du triangle. Si l'on voulait exprimer la pente par un *rapport* et non par un angle, on n'aurait qu'à simplifier la fraction que l'on obtient en prenant la différence de niveau pour numérateur et la longueur de la base pour dénominateur.

Supposons par exemple que les deux points soient éloignés sur la carte de 1250^m et que l'un soit coté 154^m et l'autre 103^m, on aura, pour l'expression de la pente $\frac{51}{1250} = \frac{1}{25}$ environ ou 4 centimètres pour mètre.

La longueur *suivant la pente* entre les deux points serait donnée *graphiquement* par l'hypoténuse d'un triangle rectangle qui aurait une base de 1250^m et une hauteur de 51^m, et numériquement par la racine carrée de (1250^2+51^2). = 1251^m,05.

152. UNE LIGNE QUELCONQUE AB ÉTANT DONNÉE SUR UNE CARTE PAR COURBES, DÉTERMINER SON PROFIL (fig. 31).

Sur une droite indéfinie XY, on porte des longueurs *ac, cd, de... mn, nb* respectivement égales aux écartements des courbes AC, CD, DE... MN, NB et en chacun des points *a, c, d, e... m, n, b*, on élève des perpendiculaires auxquelles on donne, à l'échelle de la carte, des longueurs égales aux cotes de ces courbes ; ainsi en *a* on portera 40^m, en *c* 45^m, en *d* 50^m... en *n* 30^m, en *b* 25^m ; puis on joint par un trait continu les extrémités de ces perpendiculaires.

Lorsque la ligne AB est courbe, on la *développe* sur une droite XY en considérant ses éléments successifs comme des parties droites.

ET CARTES TOPOGRAPHIQUES. 103

153. TRACER SUR UNE CARTE PAR COURBES UNE LIGNE SUIVANT UNE PENTE DONNÉE EN PARTANT D'UN POINT CONNU P, (fig. 31).

Soit à tracer à partir du point P une ligne d'une pente de $\frac{1}{20}$, c'est-à-dire de 0^{m}05 pour mètre.

On prendra, à l'échelle de la carte une longueur égale à

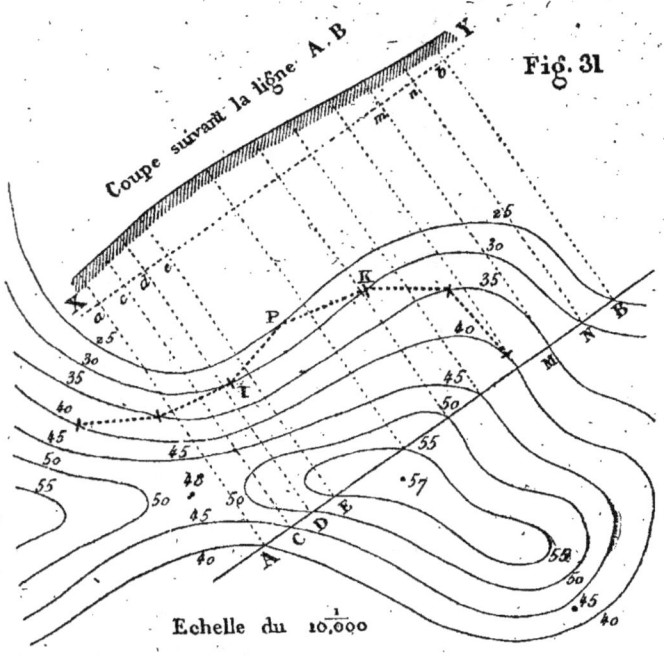

Fig. 31

Echelle du $\frac{1}{10,000}$

L. Wilrer et Cie

Tracé d'une Coupe — marche suivant une pente donnée

20 fois l'équidistance, c'est-à-dire pour le cas présent à $20 \times 5 = 100^m$ et du point P comme centre avec cette longueur pour rayon on décrira un arc de cercle qui coupera généralement la courbe suivante en deux points I K de l'un desquels on continuera à décrire, toujours avec le

même rayon, un nouvel arc qui coupera la courbe suivante, et ainsi de suite.

Ce problème peut donner lieu à bien des solutions, suivant la longueur du rayon, les centres choisis et l'écartement des courbes, mais nous laissons à l'intelligence du lecteur l'étude de toutes ces solutions.

(§ 10) Tableau de diverses échelles employées pour les représentations graphiques.

CLASSEMENT des ÉCHELLES.	DÉSIGNATION des ÉCHELLES.	Fraction qui représente l'Échelle, ou rapport de la carte au terrain.	Une longueur horizontale d'un mètre est exprimée sur la carte par :	Une distance horizontale d'un kilomètre est exprimée sur la carte par :	Une longueur d'un millimètre sur la carte représente, sur le terrain, une distance horizontale de :	ÉCHELLES HABITUELLES DES PLANS ET DES CARTES ET OBSERVATIONS DIVERSES.
1re Série d'Échelles décimales, pour lesquelles le double décimètre, divisé en millimètres, peut servir sans aucune modification.	Échelle de 1 sur 1 (grand. naturelle).	$\frac{1}{1}$	1 mètre.	1 kilomètre	1 millimèt.	Employés pour figurer de très-petits détails, comme ceux d'un compas, d'une serrure, d'un fusil, etc.
	— du dixième.	$\frac{1}{10}$	10 centimètr. ou 0 10 c.	100 mètres.	$0^m.01$.	Pour figurer des détails de menuiserie, de machines, etc.
	— centième.	$\frac{1}{100}$	1 centimètre ou 0.01.	10 mètres.	$0^m.10$.	Pour les détails de bâtiments, travaux de terrassement, etc.
	— millième.	$\frac{1}{1.000}$	1 millimètre ou 0.001.	1 mètre.	1 mètre.	Fronts de fortifications, ouvrages de campagne, plans de villages, nouveau cadastre, etc.
	— dix-millième.	$\frac{1}{10.000}$	$\frac{1}{10}$ de millim. ou 0.0001.	$0^m.10$.	10 mètres.	Plan d'un campement, d'une reconnaissance militaire détaillée, d'une ville, d'une commune, etc.
	— cent-millième.	$\frac{1}{100.000}$	$\frac{1}{100}$ de millim. ou 0.00001.	$0^m.01$.	100 mètres.	Pour les grandes opérations militaires, la carte d'un département, d'un chemin de fer, d'un cours d'eau.
	— millionième.	$\frac{1}{1.000.000}$	$\frac{1}{1000}$ de millim. ou 0.000001.	$0^m.001$.	1,000 mèt.	Pour la carte géographique d'une contrée telle que la France.
	— dix-millionième.	$\frac{1}{10.000.000}$	$\frac{1}{10000}$ de millim. ou 0.0000001.	$0^m.0001$.	10,000 mèt.	Pour la carte géographique d'une partie du monde, comme l'Europe.
2e Série d'Échelles décimales, pour lesquelles, pour servir le double décimètre, divisé en demi-millimètres, et numéroté 1, 2, 3... ou 10, 20, 30... ou 100, 200, 300 au demi-centimètre ou demi-centimètre.	Échelle de un demi, ou de moitié.	$\frac{1}{2}$	50 centimètr. ou 0.50.	500^m.	$0^m.002$.	Généralement le même emploi que l'échelle de $\frac{1}{1}$.
	— du vingtième.	$\frac{1}{20}$	5 centimètres ou 0.05.	50^m.	$0^m.02$.	Généralement le même emploi que l'échelle du $\frac{1}{10}$.
	— deux centième.	$\frac{1}{200}$	5 millimètres ou 0.005.	5^m.	$0^m.20$.	Pour des bâtiments ou des terrassements étendus.
	— deux millième.	$\frac{1}{2.000}$	$\frac{1}{2}$ millimètre ou 0.0005.	$0^m.50$.	2 mètres.	Pour une grande étendue de fortifications, le plan des petites villes, le nouveau cadastre dans les pays peu divisés, etc.
	— vingt millième.	$\frac{1}{20.000}$	$\frac{1}{20}$ de millim. ou 0.00005.	$0^m.05$.	20 mètres.	Pour les champs de bataille, les reconnaissances militaires, les cartes cantonales, etc.
	— deux cent millième.	$\frac{1}{200.000}$	$\frac{1}{200}$ de millim. ou 0.000005.	$0^m.005$.	200 mètres.	Même emploi que le $\frac{1}{100.000}$, lorsque le terrain est plus étendu.
3e Série d'Échelles décimales, pour lesquelles le millimètre est habituellement divisé en doubles décimètres et numéroté 10, 20, 30 ou 100, 200, 300... de deux en deux centimètres.	Échelle du cinquième.	$\frac{1}{5}$	20 centimètr. ou 0.20.	200 mètres	$0^m.005$.	
	— cinquantième.	$\frac{1}{50}$	2 centimètres ou 0.02.	20 mètres.	$0^m.05$.	
	— cinq centième.	$\frac{1}{500}$	2 millimètres ou 0.002.	2 mètres.	$0^m.50$.	Emploi analogue à celui des échelles précédentes et subordonné au but de la carte, ainsi qu'à l'étendue et aux détails du terrain.
	— cinq millième.	$\frac{1}{5.000}$	$\frac{1}{5}$ de millim. ou 0.0002.	$0^m.20$.	5 mètres.	
	— cinquante millième.	$\frac{1}{50.000}$	$\frac{1}{50}$ de millim. ou 0.00002.	$0^m.02$.	50 mètres.	
	— cinq cent millième.	$\frac{1}{500.000}$	$\frac{1}{500}$ de millim. ou 0.000002.	$0^m.002$.	500 mètres.	
4e Série. — Échelles diverses, pour lesquelles les intervalles numérotés 1, 2, 3, 10, 20, 30 ne sont plus des multiples du millimètre, et qui exigent par conséquent des divisions spéciales.	Échelle du quarante millième.	$\frac{1}{40.000}$	$\frac{1}{40}$ de millim. ou 0.000025.	$0^m.025$.	40 mètres.	Deux fois plus petite que la $\frac{1}{20.000}$ ou moitié. Employées par l'État-major la carte de France.
	— quatre vingt millième.	$\frac{1}{80.000}$	$\frac{1}{80}$ de millim. ou 0.0000125.	$0^m.0125$.	80 mètres.	Moitié du $\frac{1}{40.000}$, ou quart du $\frac{1}{20.000}$.
	— trois cent vingt millième.	$\frac{1}{320.000}$	$\frac{1}{320}$ de millim. ou 0.000003125.	$0^m.003125$.	320 mètres.	Quart du $\frac{1}{80.000}$, ou seizième du $\frac{1}{20.000}$.
	— douze cent cinquantième.	$\frac{1}{1.250}$	de millimèt. ou 0.0008.	$0^m.80$.	$1^m.25$	Double du $\frac{1}{2.500}$, ou quadruple du $\frac{1}{5.000}$. Employées par l'ancien cadastre.
	— deux mille cinq centième.	$\frac{1}{2.500}$	de millimèt. ou 0.0004.	$0^m.40$.	$2^m.50$.	Deux fois plus grande que le $\frac{1}{5.000}$ ou double.
	— cent quarante quatrième.	$\frac{1}{144}$	$0^m.006944$	6.944.	0.144.	ÉCHELLES DUO-DÉCIMALES (multiples de 12). Employées avant l'adoption du système métrique, notamment par Verniquet, pour le Plan de Paris, et par Cassini, pour la Carte de France.
	— deux cent quatre-vingt huitième.	$\frac{1}{288}$	$0^m.0034722$.	3.472.	0.288.	
	— quatre-vingt six mille quatre centième.	$\frac{1}{86.100}$	$0^m.000011574$.	0.011574.	86.40.	

Échelles de quelques cartes étrangères : Angleterre 1/63360 ; — Autriche 1/144000, 1/288000, 1/432000 ; — Bade 1/50000, 1/200000, 1/400000 ; — Bavière 1/50000, 1/150000, 1/250000 ; — Belgique 1/20000, 1/40000, 1/160000 ; — Espagne 1/50000, 1/500000 ; — Italie 1/50000, 1/80000, 1/86100. — Pays-Bas 1/50000 ; — Prusse 1/25000, 1/100000 ; — Prusse Rhénane 1/80000 ; — Russie 1/126000 ; — Saxe 1/57600, 1/100000 ; — Suède et Norwège 1/200000 ; — Suisse 1/50000, 1/100000, 1/250000 ; — Wurtemberg 1/50000, 1/100000, 1/200000, 1/400000, etc., etc.

www.ingramcontent.com/pod-product-compliance
Lightning Source LLC
Chambersburg PA
CBHW070308100426
42743CB00011B/2402